建筑设计施工与管理

任远娇 傅 平 于晓祥 主编

吉林科学技术出版社

图书在版编目（CIP）数据

建筑设计施工与管理 / 任远娇，傅平，于晓祥主编. -- 长春：吉林科学技术出版社，2020.10
ISBN 978-7-5578-7621-0

Ⅰ．①建… Ⅱ．①任… ②傅… ③于… Ⅲ．①建筑工程－施工设计②建筑工程－施工管理 Ⅳ．①TU71

中国版本图书馆CIP数据核字（2020）第193629号

建筑设计施工与管理

主　　编	任远娇　傅　平　于晓祥
出 版 人	宛　霞
责任编辑	隋云平
封面设计	李　宝
制　　版	宝莲洪图
幅面尺寸	185mm×260mm
开　　本	16
字　　数	250千字
印　　张	11.25
版　　次	2020年10月第1版
印　　次	2020年10月第1次印刷
出　　版	吉林科学技术出版社
发　　行	吉林科学技术出版社
地　　址	长春净月高新区福祉大路5788号出版大厦A座
邮　　编	130118
发行部电话/传真	0431—81629529　　81629530　　81629531
	81629532　　81629533　　81629534
储运部电话	0431—86059116
编辑部电话	0431—81629520
印　　刷	北京宝莲鸿图科技有限公司
书　　号	ISBN 978-7-5578-7621-0
定　　价	55.00元

版权所有　翻印必究　举报电话：0431—81629508

前 言

  伴随着我国国民经济的发展，我国的建筑工程事业也发展的如火如荼，而良好的建筑施工组织设计不仅对建筑工程起到提纲挈领的效果，更可以使项目的质量完成更好、成本利用更低。现阶段，我国的建筑施工组织普遍仍存在一些问题，本节力图对相关问题进行浅析，并提出相应的优化与管理措施，以此提高建筑施工的工程效率，促使建筑施工更好的完成。

  建筑施工组织设计的人员素质决定了建筑施工的水平。相关企业要积极开展建筑施工组织设计人员的培训，对管理人员和设计人员进行专业知识与实用技能的双方面培训，加强设计人员的成本控制意识提高建筑施工组织管理设计人员的项目实际规划和掌控能力。日常不仅要多开展相应的知识讲座，还要多组织相关联的培训活动和经验交流会等，促使各部门人员打破固有专业限制，更加从实际出发，有效控制成本，提升操作效率。

  建筑施工组织设计人员在对项目进行整体规划前，首先要对增收节支和预决算进行控制和考评，减少不必要的成本损失，规避工程进度拖延等问题。另外，施工组织设计人员要注意施工过程中的工作人员的人身安全、机械设备安全以及工程质量安全等一系列安全控制问题。要规避相应的风险，做好对不可抗力因素造成的损失的防备，避免不安全事件的发生，保证施工顺利进行，以期提升项目的经济效益。

  加强对原材料和工程的质量控制。建筑材料需求量大又种类繁多、性能各异，对材料的管理应该足够重视：①严格控制采购材料的质量，建筑施工组织设计人员在分析后，确认最合理的材料采购数量，组织相关人员进行材料采购。②确定材料的储备时间，合理安排材料的进出厂时间和顺序。提前准备好易耗易损材料的备用材料，防止工程进度因物料短缺而影响进度。另外，按照国家标准执行物料的运输及堆放，对材料定期进行检验与抽查，对某些性能已经发生变化的材料申请离场废弃。③时刻提醒所有工作人员务必做到安全施工，注意防火防爆。

目 录

第一章 建筑设计原理 1
第一节 高层建筑设计原理 1
第二节 生态建筑设计原理 4
第三节 建筑结构的力学原理 7
第四节 建筑设计的物理原理 10
第五节 建筑中地下室防水设计的原理 13
第六节 建筑设计中自然通风的原理 16
第七节 建筑的人防工程结构设计原理 18
第八节 高层建筑钢结构的节点设计原理 21

第二章 生态建筑仿生设计 24
第一节 生态建筑仿生设计的产生与分类 24
第二节 生态建筑仿生设计的原则和方法 25
第三节 生态造型仿生设计 27
第四节 基于仿生建筑中的互承结构形式 32
第五节 生态结构仿生设计 34
第六节 生态能源利用和材料仿生设计 44

第三章 绿色建筑的设计 52
第一节 绿色建筑设计理念 52
第二节 我国绿色建筑设计的特点 55
第三节 绿色建筑方案设计思路 58
第四节 绿色建筑的设计及其实现 61
第五节 绿色建筑设计的美学思考 65

第六节 绿色建筑设计的原则与目标……69

第七节 基于BIM技术的绿色建筑设计……72

第四章 建筑工程施工的基本理论……76

第一节 建筑工程施工质量管控……76

第二节 浅谈建筑工程施工技术……79

第三节 建筑工程施工现场工程质量控制……81

第四节 工程测绘与建筑工程施工……84

第五节 建筑工程施工安全监理……87

第六节 建筑工程施工安全综述……91

第五章 建筑工程施工技术实践应用研究……94

第一节 建筑智能化中BIM技术的应用……94

第二节 绿色建筑体系中建筑智能化的应用……96

第三节 建筑电气与智能化建筑的发展和应用……99

第四节 建筑智能化系统集成设计与应用……102

第五节 信息技术在建筑智能化建设中的应用……105

第六节 智能楼宇建筑中楼宇智能化技术的应用……108

第七节 建筑智能化系统的智慧化平台应用……111

第八节 建筑智能化技术与节能应用……114

第九节 智能化城市发展中智能建筑的建设与应用……117

第六章 建筑工程项目造价管理……121

第一节 建筑工程造价管理现状……121

第二节 工程预算与建筑工程造价管理……124

第三节 建筑工程造价管理与控制效果……126

第四节 节能建筑与工程造价的管理……130

第五节 建筑工程造价管理系统的设计……133

第七章 建筑工程施工管理……138

第一节　建筑工程施工的进度管理……………………………………………138

　　第二节　对建筑工程施工现场管理………………………………………………140

　　第三节　建筑工程施工房屋建筑管理……………………………………………143

　　第四节　建筑工程施工安全风险管理……………………………………………146

　　第五节　建筑工程施工技术优化管理……………………………………………148

　　第六节　建筑工程施工技术资料整理与管理……………………………………151

第八章　建筑工程项目进度管理……………………………………………154

　　第一节　项目进度在建筑工程管理的重要性……………………………………154

　　第二节　建筑工程项目进度管理中的常见问题…………………………………157

　　第三节　建筑工程项目质量管理与项目进度控制………………………………160

　　第四节　建筑工程项目管理中施工进度的管理…………………………………163

参考文献………………………………………………………………………168

第一章 建筑设计原理

第一节 高层建筑设计原理

当前，我国的高层建筑外部造型设计多以追求建筑形象的新、奇、特为目标，每栋高层都想表现自己，突出自我，而这样做的结果只能使整个城市显得纷繁无序、生硬，建筑个体外部体量失衡，缺乏亲近感，拒人于千里之外。造成这种现象的主要原因是缺乏对高层建筑的外部尺度的认真仔细推敲，因此，对高层建筑的外部尺度的研究是很有必要的。

首先定义一下尺度，所谓的尺度就是在不同空间范围内，建筑的整体及各构成要素使人产生的感觉，是建筑物的整体或局部给人的大小印象与其真实大小之间的关系问题。它包括建筑形体的长度、宽度、整体与城市、整体与整体、整体与部分、部分与部分之间的比例关系，及对行为主体人产生的心理影响。高层建筑设计中尺度的确难以把握，因它不同于日常生活用品，日常生活用品很容易根据经验做出正确的判断，其主要原因有：一是高层建筑物的体量巨大，远远超出人的尺度。二是高层建筑物不同于日常用品，在建筑中有许多要素不是单纯根据功能这一方面的因素来决定它们的大小和尺寸的，例如门，本来可以略高于人的尺度就可以了，但有的门出于别的考虑设计得很高，这些都会给辨认尺度带来困难。高层建筑设计时，不能只单单重视建筑本身的立面造型的创造，而应以人的尺度为参考系数，充分考虑人观察视点、视距、视角，和高层建筑使用亲近度，从宏观的城市环境到微观的材料质感的设计都要创造良好的尺度感，把高层建筑的外部尺度分为五种主要尺度：城市尺度、整体尺度、街道尺度、近人尺度、细部尺度。

一、高层建筑设计中的外部尺度

（一）城市尺度

高层建筑是一座城市有机组成部分，因其体量巨大，高度很大，是城市的重要景点，对城市产生重大的影响。从对城市整体影响的角度来看，表现在高层建筑对城市天际轮廓线的影响，城市的天际轮廓线有实、虚之分，实的天际线即是建筑物的轮廊，虚的天际线是建筑物顶部之间连接的光滑曲线，高层建筑在城市天际线创造中起着重要的作用，因城市的天际轮廓线从一个城市很远的地方就可以看见，也是一座城市给一个进入它的人第一印象。因此，高层建筑尺度的确定应与整个城市的尺度相一致，而不能脱离城市，自我夸耀，唯我独尊，不利于优美、良好天际线的形成，直接影响到城市景观。高层建筑对城市局部或部分产生的影响，是指从市内比较开阔的地方。因此，城市天际轮廓线不仅影响人从城市外围所看的景观，也直接影响到市内居民的生活与视觉观赏。高层建筑对城市各构成要素也产生重大的影响，高层建筑的位置、高度的确定，也应充分地考虑该城市尺度、传统文化，不当的尺度会对城市产生不良的影响，改变了城市传统的历史文化，也改变了原来城市各构成要素之间有机协调的比例关系。

（二）整体尺度

整体尺度是指高层建筑各构成部分，如：裙房、主体和顶部等主要体块之间的相互关系及给人的感觉。整体尺度是设计师十分注重的，关于建筑的整体尺度的均衡理论有许多种，但都强调整体尺度均衡的重要性。面对一栋建筑物时，人的本能渴望是能把握该栋建筑物的秩序或规律，如果得到这一点，就会认为这一建筑物容易理解和掌握，若不能得到这一点，人对该建筑物的感知就会是一些毫无意义的混乱和不安。因此，建筑物的整体尺度的掌握是十分重要的，在设计时要注意下面的两点：

各部分尺度比例的协调高层建筑一般由三个部分组成的——裙房、主体和顶部，也有些建筑在设计中加入了活跃元，以使整栋建筑造型生动活跃起来。一个造型美的高层建筑是建立在很好地处理了这几个部分之间的尺度关系，而这三个部分尺度的确定，应有一个统一的尺度参考系（如把建筑的一层或几层的高度作为参考系），不能每一部分的尺度参考系都不同，这样易使整个建筑含糊、难以把握。

高层建筑中各部分细部尺度应有层次性高层建筑各部分细部尺度的划分是建立在整体尺度的基础上的，各个主要部分应有更细的划分，尺度具有等级性，才能使各个部分造型构成丰富。尺度等级最高部分为高层建筑的某一整个部分（裙房、主体和顶部），最低部分通常采用层高、开间的尺寸、窗户、阳台等这些为人们所熟知的尺寸，使人们观察该建筑时很容易把握该部分的尺度大小。一般在最高和最低等级之间还有1~2个尺度等级，也不易过多，太多易使建筑造型复杂而难以把握。

（三）街道尺度

街道尺度是指高层建筑临街面的尺度对街道行人的视觉影响。这是人对高层建筑近距离的感知，也是高层建筑设计中重要的一环。临近街道的高层建筑部分的尺度确定，主要考虑到街道行人的舒适度，高层建筑主体因为尺度过大，易向后退，使底层的裙房置于沿街部分，减少了高层建筑对街道的压迫感。例如：上海南京路两边的高层建筑置于后面，裙房置于前使两侧的建筑高度与街道的宽度的比例为1∶12，形成良好的购物环境。为了保持街道空间及视觉的连续性，高层建筑临街面应与沿街的其他建筑相一致，宜有所呼应。如：在新加坡老区和改建后的一条干道的两侧，为了不致造成新区高层和老区低层截然分开，沿新区一侧作了和老区房屋高度相同中相似的裙房，高层稍后退，形态效果良好的对话关系。

（四）近人尺度

近人尺度是指高层建筑最底部分及建筑物的出入口的尺寸给人的感觉。这部分经常为使用者所接触，也易被人们仔细观察，也是人们对建筑直接感触的重要部分。其尺度设计应以人的尺度为参考系，不宜过大或过小，过大易使建筑缺少亲近性，过小则减小了建筑的尺度感，使建筑犹如玩具。

在近人尺度处理中，应特别注意建筑底层及入口的柱子、墙面的尺度划分，檐口、门、窗及装饰的处理，使其尺度感比以上几个部分更细。对入口部分及建筑周边空间加以限定，创造一个由街道到建筑的过渡缓冲的空间，使人的心理有一个逐渐变化的过程。如：上海图书馆门前采用柱廊的形式，使出入馆的人有一个过渡区，这样使建筑更具有近人及亲人性。

（五）细部尺度

细部尺度是指高层建筑更细的尺度，它主要是指材料的质感。在生活中，有的事物我们喜欢触摸，有的事物我们不喜欢触摸——我们通过说"美妙"或"可怕"来对这些事物做出反应，形成人的视觉质感，建筑设计师在设计过程中要充分运用不同材料的质感，来塑造建筑物，吸引人们亲手去触摸或至少取得同我们的眼睛亲近感，或者换言之，通过质感产生一种视觉上优美的感觉。勒。柯布西埃在拉托尔提建造的修道院是运用或者确切地说是留下大自然"印下"的质感的优秀典范，这里的质感，也就是用斜撑制作在混凝土上留的木纹。

二、高层建筑外部尺度设计的原则

（一）建筑与城市环境在尺度上的统一

注意高层建筑布置对城市轮廓线的影响，因为在城市轮廓线的组织中，起最大作用的是建筑物，特别是高层建筑，因而它的布置应遵行有机统一的原则进行布置：①高层建筑聚集在一起布置，可以形成城市的"冠"，但为避免其相互干扰，可以采用一系列不同的高度，或虽采用相仿高度，但彼此间距适当，组成有关的构图。也可以单栋高层建筑布置在道路转弯处，以丰富行人的视觉观赏。②若高层建筑彼此间毫无关系，随处随地而起不到向心的凝聚感，则不会产生令人满意的和谐整体。③高层建筑的顶部不应雷同或减少雷同，因为这会极大影响轮廓线的优美感。

（二）同一高层建筑形象中，尺度要有序

高层建筑设计时，应充分考虑建筑的城市尺度、整体尺度、街道尺度、近人尺度、细部尺度这一尺度的序列，在某一尺度设计中要遵守尺度的统一性，不能把几种尺度混淆使用，才能保证高层建筑物与城市之间、整体与局部之间、局部与局部之间及与人之间保持良好的有机统一。

（三）高层建筑形象在尺度上须有可识别性

高层建筑物上要有一些局部形象尺度，能使人把握其整体大小，除此之外，也可用一些屋檐、台阶、柱子、楼梯等来表示建筑物的体量。任意放大或缩小这些习惯的认知尺度部件就会造成错觉，效果就不好。但有时往往要利用这种错觉来求得特殊的效果。

高层建筑的外部尺度影响因素很多，设计师在设计高层建筑中充分地把握各种尺度，结合人的尺度，满足人的使用、观赏的要求，必定能创造出优美的高层建筑外部造型。

第二节　生态建筑设计原理

生态建筑的设计与施工必须建立在保护环境、节约能源、与自然协调发展的前提下。设计人员应在确定建筑地点后，针对施工地点的实际状况因地制宜地开展设计工作，在保证建筑工程质量以及使用寿命的前提下，满足建筑绿色化、节能化与可持续发展的要求。论文对生态建筑做了简单概述，重点对生态建筑设计原理及设计方法进行了分析，希望对相关工作有所帮助。

生态建筑是一门基于生态学理论的建筑设计，其设计的主要目的是促进自然生态和谐，减少能源消耗，创建舒适环境，加大资源利用率，营造出适合人与自然和谐共处的生存环境。现如今，生态建设作为一种新兴建筑方式备受人们关注，具有绿色低碳的建筑理念及较高水平的节能环保作用。生态建筑设计的普遍应用顺应时代发展的潮流,符合现代化建设的需求,使建筑归于自然,建设和谐的建筑环境。

生态建筑作为一种新兴事物,综合生态学与建筑学概念,充分结合现代化与绿色生态建设理念,是典型的可持续发展建筑。在进行生态建筑设计时,需要充分考虑人与自然及建筑的和谐,基于建筑的具体特征,综合分析周边环境,采用生态措施,利用自然因素,建设适于人类生存和发展的建筑环境,加强生态资源的利用率,降低能源的消耗,改善环境污染问题。生态建筑源于人们日常生活中的所聚集的所有意识形态和价值观,更加突出生态建设所具有的较强的社会性。

一、生态建筑设计原理

(一)自然生态和谐

尽人皆知,建筑工程的施工会对自然造成较大的破坏。在工程竣工及日后的实际使用中还会继续加大对环境的污染,从而导致生活环境的恶化。所以,在进行生态建设时,我们需要高度重视建筑设计,严格监控工程施工,把施工中对环境的破坏降到最低,减少对建筑的能源消耗,保护环境。善于利用自然因素,通过对阳光的充分利用,可以降低在施工中对照明设备的使用率,灵活地利用建筑中的水池以及喷水系统充当制冷设备,当然,在开展建筑设计的过程中,要注意预留通风口位置,确保建筑与设备及时的通风,保持建筑设计的室内外空气流通。

(二)降低能源消耗

生态建筑是现代化发展的产物,是人类生活必不可少的生存环境,在生态建筑设计中最关键的部分就是节能。生态建筑设计是基于各项设施功能正常运行的情况下,最大程度地减少施工过程中的资源浪费现象,提高资源的利用率。在进行生态建筑设计的过程中,要尽可能地减少无用设计,避免因过度包装而产生的浪费现象。有效利用自然能源,通过对生物能及太阳能等能源的利用,来降低能源消耗,避免因能源大规模消耗而导致的环境污染。

(三)环境高度舒适

用户的实际居住效果是评判生态建筑是否符合要求的关键。在进行生态建筑设计时,必须充分满足使用者对建筑舒适度的要求,使设计的建筑不只是没有生命的物体,还可以抒发人们的情怀。所以,在实际的生态建筑设计过程中,必须以使用者的舒适与健康为主要原则,设计舒适度高且生态健康的建筑。要想创造舒适度高的环境,前提就是保证建筑物各区间功能的高度完整,可以更加方便使用者的生产生活。除此之外，必须充分确保建筑物内的光线充足，保证建筑的内部温度以及空气的湿度适宜人们居住。

二、生态建筑设计方法

（一）材料合理利用的设计方法

生态建筑具有明显的绿色建筑系统机制，通过对旧建筑材料的回收再利用，最大程度地降低材料浪费现象，减小污染物的排放量，符合绿色生态理念。在建筑拆迁中，所产生的木板、钢铁、绝缘材料等废旧建筑材料经过一系列处理可供新建筑工程再次利用，在符合设计理念及要求的前提下，科学合理地使用再生建筑材料。可再生材料的应用，可以在一定程度上减轻投资负担，节约建筑成本，避免因过度开采造成的生态问题，把建筑施工对环境的破坏降到最低，营造绿色的生态环境。

（二）高效零污染的设计方法

高效零污染是一种节能环保的设计方法，针对生态建筑在节能方面的作用，在充分确保建筑基础功能的情况下，最大程度地减少材料的使用，提高资源利用率。善于利用自然因素，通过对自然资源的有效使用，来降低矿物资源的使用率。近年来，人们的观念在不断转变，以及新能源在国家的推行，太阳能被广泛应用于建筑之中，人们通过对太阳能利用实现降温、加热等目的。还可以通过对物理知识利用，实现热传递，保持建筑的空气流通，进而加大调控室内环境力度，为使用者提供舒适环境的同时达到节能环保的效果。

（三）室内设计生态化的设计方法

在生态建筑理念的影响下，室内设计必须根据资源及能源的消耗，设计出节能环保且比较实用的生态建筑，防止资源的过度消耗。与此同时，还应该控制装饰材料的使用量，规定适宜且合理的装饰所需成本。与此同时，在室内设计过程中还应该添加绿色设计，可以通过植物的吸收特性，来降低空气中的二氧化碳、甲醛等气体的含量，改善空气质量，打造适宜人们居住的环境。绿色设计的加入，还具有装饰效果，可以应用到阳台及庭院的设计中。

（四）结合地区特征科学布局的设计方法

在生态建筑设计过程中，需要充分考虑当地的地区特点及人文特征。建筑设计以建筑周边环境为基础开展生态建设工作，使自然资源得到充分有效的循环运用。在进行生态建筑设计时，需要在确保不破坏周边环境的情况下，设计出具有地域特色的生态建筑。结合天然与人工因素，改善人们的生活环境，控制甚至避免自然环境破坏现象，营造人与自然和谐共处的生态环境。

（五）灵活多变的设计方法

灵活多变的设计方法是生态建筑设计的重要方法，可以选择出更适合的建筑材料。在进行生态建筑设计过程中，如何挑选建筑材料是建筑合理性的重要条件。设计师在进行生态建筑设计时，需要熟知所有建筑材料的使用情况，除此之外，需对四周环境进行了解，以此为依据选择出最合适的建筑材料，来保证建筑的节能环保效果。加大废旧建筑材料的循环利用，解决耗能问题。为实现生态建设的可持续发展，在选择和利用建筑材料方面有了越来越高标准，建筑材料的选择与生态建筑设计的各个方面息息相关。如为减少太阳辐射，设计师可以加入窗帘以及水幕等构件，把建筑内部温度控制在合理范围内，维持空气湿度的平衡，确保所设计的建筑适宜居住，大大将低风扇的使用率，达到节能的效果。

总之，通过对生态建筑设计原理与设计方法的了解，得出了只有以自然生态和谐、降低能源消耗、环境高度舒适为依据，采取合理利用材料、高效零污染、生态化室内设计、使用清洁能源、灵活多变的设计方法，才能创造出科学的生态建筑设计。生态建筑设计作为一种新兴事物，顺应新时代发展的潮流，符合生态文明建设的要求，对促进人与自然和谐共处具有积极的促进作用。生态建筑所具有的绿色特性，使更多人开始关注绿色技术。生态建设设计要求以人为本，致力于打造符合各类人群需求的居住环境，从国情出发，本着可持续性原则，加强人们的生态环保意识，设计出具有生态效益的建筑。

第三节　建筑结构的力学原理

随着建筑业的发展人们的生活水平也随之水涨船高，从古时的木屋到如今的高楼林立，人们在不断地享受着建筑行业带来的伟岸成果。建筑行业的发展不管方向如何都离不开一个宗旨，那就是以安全为第一要务。而建筑的结构形式必须满足对应的力学原理，才能保证建筑物的稳固与安全。

建筑行业的发展带动了各大产业链的发展，形成了一个经济圈。可以说建筑行业支撑着我国的经济发展。随着时代的发展，人们对建筑的要求更增加了审美观念、环保理念，不管是美伦美奂的园林式建筑还是朴实无华的民用建筑都离不开力学原理的支撑，安全第一是建筑行业自始至终所坚持的第一要务，这就给建筑工程师和结构工程师提出了技术要求。

一、建筑结构形式的发展过程

我国的建筑结构形式可追逆到五十万年的前旧石器时代，是建筑业的雏形即构木为巢的草创阶段。随着时间的推移人类文明的进步，建筑业也在不断发展的创新，由木结构建筑发展到了以砖石结构为主的新阶段，我国的万里长城就是该阶段的最为主要的代表，以砖、石为主要材料，经千年而不毁，其坚固程度可想而知，被誉为世界八大奇迹之一。随着西方文化的传入结合我国传统文化、建筑业的发展，迎来了梁、板结构的发展与成熟期，尤其是到了明清时期各类建筑物如雨后春笋般破土而出，各式的园林、佛塔、坛庙、以及宫殿、帝陵纷纷采用了梁、板的结构形式。建筑行业随着人类文明的发展在不断地进行着质的变化，更加推动了人类经济的发展历程。

二、建筑结构形式的分类

（一）根据材料进行分类

在进行工程建筑时根据所使用的材料不同可将建筑结构分为五类：以木材为主的结构形式，即在建筑过程中使用的基本都是木制材料。由于木材本身较轻的特点容易运输、拆装，还能反复使用的特点，使用范围广如在房屋、桥梁、塔架等中都有使用，近年来由于胶合木的出现，再次扩大了木制结构的使用范围，在我国许多休闲地产、园林建筑中大多都以木制结构为主；混合结构，在进行建筑工程材料配置过程中，承重部分以砖石为主，楼板、顶以钢筋混凝土为主，而这种结构大多在农村自家住房建筑中多见；以钢筋混凝土为主的结构形式，该种结构形式的承重力比较强，多用于高层建筑。以钢与混凝土为主的结构形式，这种结构形式的承重能力是此五种形式当中承重能力最强的，适用于超高层的建筑工程当中。

（二）根据墙体结构进行分类

按照墙体的不同可将建筑结构形式分为六类：主要使用于高楼层、超高楼层建筑中的全剪力墙结构和框——结构；用于高楼层建筑中的框架-剪力墙结构；使用于超高楼层建筑中的简体结构和框——支结构；主要使用于大空间建筑和大柱网建筑的无梁楼盖结构。

三、建筑结构形式中所运用的力学原理

从建筑业的发展史来看，不管建筑行业的结构形式、设计重心如何变化，不管是

以美观为建筑方向,还是以朴实安全为方向,都有一个共同的特点是不变的,就是保证建筑工程的安全性,以给人们舒适的生活环境的同时保证人们的生命财产安全为目的。在进行建筑设计时,安全性与力学原理是密不可分的,结构中的支撑体承受着荷载,而外荷载则会产生支座反力,对建筑结构中的每一个墙面都会产生一定的剪力、压轴力、弯矩、扭曲力。而在实际的施工过程中危险性最强的是弯矩力,当弯矩力作用在墙体上时,所施力量分布并不均匀,会使一部分建筑材料降低功能性,从而影响到整个建筑的安全性,严重者会直接导致建筑物的坍塌。因此,在建筑工程进行规划设计和施工过程当中,都要将力学原理运用到位,精细、准确地计算出每面墙体所要承受的作用力,在进行材料选择时,一定要以力学规定为依据,保证所用材料的质量绝对过关,达到建筑工程的最终目的。

四、从建筑实例分析力学原理的使用

(一)使用堆砌结构的实例

堆砌结构是最古老也是最常见的一种建筑结构形式,其使用和发展历程对人类的历史文明贡献出了不可替代的作用。其中最为著名、最令人惊叹的就是公元前2690年左右古埃及国王为了彰显其神的地位所建造起的胡夫金字塔。金字塔高达146.5m,底座长约230m,斜度为52°,塔底面积为52900m2,该金字塔的塔身使用了近230万块石头堆砌而成,每块石头的平均重量都在2.5t左右,最大的石头重约160t。后来经过专业人士的证实,金字塔在建造的过程中没有使用任何的粘着物,由石头一一堆叠而成,在建筑结构中是最典型的堆砌结构形式,所使用的力学原理就是压应力,使其经过了四千多年的风雨历程依然屹立不倒。这种只使用压应力原理的建筑结构形式非常的简单,是建筑结构发展的基础,但是因为不能将建筑空间充分地利用起来,不能满足社会发展的需求,在进行建筑过程中逐渐引进了更多新的力学原理。

(二)梁板柱结构的使用案例

梁板柱结构使用的主要材料就是木制材料,随着时代的发展,在很多的建筑工程中需要使用弯矩,而石材本身承受拉力的强度过低,而无法完成建筑任务。由于木制材料其韧性比较强,可以承受一定程度的拉力和压力从而被大面积使用。我国的大部分宫殿、园林建筑都是采用的梁板柱结构形式,如建于公元1420年的故宫,是我国乃至世界保存最完整、规模最宏大的古皇宫建筑群,其建筑结构就是采用的梁板柱形式。从门窗到雕梁画栋皆是以木制材料为主,将我国传统的建筑结构形式使用的淋漓尽致。该建筑采用的力学原理是简支梁的受弯方式，在我国的建筑业中发挥了极为重要的作用。但是由于木材本身不耐高温极易引发火灾、又容易被风化侵蚀，极大的缩短了建筑物的使用寿命和安全性。

（三）桁架和网架的使用案例

该结构的形成是随着钢筋水泥混凝土的出现而得到的发展。从力学原理来分析，桁架和网架的结构形式可以减少建筑结构部分材料的弯矩，对于整体弯矩还是没有作用力，在建筑业被称为改良版的梁板柱结构，所承受的弯矩和剪力并没有因为结构形式的变化而产生变化，整体的弯矩更是随着建筑物跨度的加大而快速加大，截面受力依旧是不均匀，内部构件只承受轴力，而单独构件承载的是均匀的拉压应力。此改变让桁架和网架结构比梁板柱结构更能适应跨度的需求。北京鸟巢就是运用了桁架和网架的力学原理而建造成功的。

（四）拱壳结构、索膜结构的使用案例

随着社会生产力地不断提高，人们对建筑性质、质量有了更多的需求，随之而来的是建筑难度的不断增加，需要融入更多的力学原理才能满足现代社会对建筑的需求。拱壳结构满足了社会发展对建筑业大跨度空间结构的需求。拱壳结构所运用的是支座水平反力的力学原理，通过对截面产生负弯矩从而抵消荷载产生的正弯矩，能够覆盖更大面积的空间，如1983年日本建成的提篮式拱桥就是运用拱结构的力学原理，造型非常美丽。但由于荷载具有变异性，制约了更大的跨度，而索膜结构的力学原理更为合理，可将弯矩自动转化成轴向接力，成为大跨度建筑的首选结构形式。如美国建成的金门悬索桥，日本建成的平户悬索桥都是运用的了索膜结构的力学原理。

建筑结构形式的发展告诉我们不管使用什么样的建筑形式都需要受到力学原理的支撑，最终目标都是保证建筑的安全性。在新时代背景下发展的建筑结构形式同样离不开力学原理的运用，力学原理是一切建筑的理论与基础，只有将力学原理科学合理的使用，才能保证建筑工程的安全性。

第四节　建筑设计的物理原理

本文较为详细的阐述了光学、声学、热学等物理原理知识在建筑中的实际应用。通过分析一些物理现象，例如，利用光在建筑材料上反射后的特性，使室内外的光学环境达到满足人类舒适度的要求；建筑上的声学则要求房间的设计形状要合理并且要选用合适的材料，这样才能较好的保证绝佳的隔音效果，使建筑的性能达到最佳；而对建筑物内的温度来说，墙面，地面或者桌椅板凳等人类经常接触到的地方，则应该挑选符合皮肤或者四季温度变化的建筑材料，才不致于在外界环境变冷变热时让人感到不适；另外，在建筑物遭受雷击的威胁时我们可以利用静电场的物理原理俗称避雷针来防止建筑物遭受雷击。

物理学是一门基础的自然学科，即物理学是研究自然界的物质结构、物体间的相互作用和运动一般规律的自然科学。尤其是在日常生活中，物理学原理也是随处可见，如若无法正确地理解这些物理学知识，就无法巧妙的运用这些物理学知识，也不可能自如的运用于建筑上来。其实，在建筑设计中，许多看似复杂的问题都能够运用物理原理来解释。建筑学是一门结合土木建设和人文的学科。本文主要针对物理原理在建筑设计中的应用进行分析，为以后建筑设计工作提供一定的参考。建筑物理，顾名思义是建筑学的组成部分。其任务在于提高建筑的质量，为我们创造适宜的生活和工作学习的环境。该学科形成于20世纪30年代，其分支学科包括①建筑声学，主要研究建筑声学的基本知识、噪声、吸声材料与建筑隔声、室内音质设计等内容；②建筑光学、主要研究建筑光学的基本知识、天然采光、建筑照面等问题；③建筑热工学，研究气候与热环境、日照、建筑防热、建筑保温等知识。

一、物理光学在建筑中的应用

据调查显示，随着社会对创新型人才的大力需求，我国也紧随世界潮流将培养学生具有创新精神的科研能力来作为教育改革方案的重点。而物理学原理的应用正需要这种创新精神才能够更好的运用于建筑学中。这也提醒了我们的当代教育培养创新人才的必要性。其实在生活中利用太阳能进行采暖就属于物理学原理在建筑中比较成功的设计。这种设计也有效促进资源节约型社会的建设，符合社会发展的理念。太阳能资源是一种可持续利用的清洁能源，被广泛使用，因其使用成本很低只需要有阳光照射即可，安全性能高，环保等优点广泛被采用。在现代建筑的能源消耗中占有很大的比例，基本上已经覆盖了大部分地区。这是物理原理在建筑中经典的案例，很值得我们来借鉴经验。

二、物理声学在建筑中的应用

现代生活中我们无时不刻的都要面对建筑，各种商场，办公楼，茶餐厅等等，这些建筑的构思与完善很多都运用了物理学原理，当然还有其他的技术支持。越高规格的建筑对相关物理现象的要求越苛刻，越精细。比如各个国家著名的体育馆或者歌剧院等。这些地方对建筑声学的要求极为严格，因为这直接影响观众的视觉体验与听觉感受。这些建筑内所采用的建筑装饰材料都对整体的声学效果有很大影响。再比如我们最常见的隔音装置，如果一栋建筑内的隔音效果特别差，相信也不会得到别人的青睐吧。比如，生活中高楼上随处可见的避雷针，是用来保护建筑物、高大树木等避免雷击的装置。在被保护物顶端安装一根接闪器，用符合规格导线与埋在地下的泄流地网连接起来。当出现雷电天气是避雷针就会利用自己的特性把来自云层的电流引到大地上，从而使被保护物体免遭雷击。不得不说避雷针的发明帮助人类减少了许多灾害的发生。假使没有物理学原理作铺垫，建筑物及时设计工作做的再好也只是徒劳的，两者结合起来才会相得益彰，共同为人类进步发展做贡献。这应该是物理原理在建筑中应用的成功的案例啦。也是今后人类应该奋斗的动力或者榜样。

三、物理热学在建筑中的应用

实践证明了自然光和人工光在建筑中如果得到合理的利用，可以满足人们工作、生活、审美和保护视力等要求。此外热工学在建筑方面的应用，这主要考虑的是建筑物在气候变化和内部环境因素的影响下的温度变化。建筑热学的合理利用能够通过建筑规划和设计上的相应措施，有效地防护或利用室内外环境的热湿作用，合理解决建筑和城市设计中的防热、防潮、保温、节能、生态等问题，以创造可持续发展的人居环境。像一个诺贝尔奖的得主所说的："与其说是因为我发表的工作里包含了一个自然现象的发现，倒不如说是因为那里包含了一个关于自然现象的科学思想方法基础。"物理学被人们公认为一门重要的科学，在前人及当代学者不断的研究中快速的发展、壮大，并且形成了一套有思想的体系。正因为如此，使得物理学当之无愧地成了人类智能的象征，创新的基础。许多事实也表明，物理思想与原理不仅对物理学自身意义重大，而且对整个自然科学，乃至社会科学的发展都有着无可估量的贡献。建筑学就是个很好的应用。有学者统计过，自20世纪中叶以来，在诺贝尔奖得奖者中，有一半以上的学者有物理学基础或者学习背景；这也间接说明了物理学对于我们的不管是生活还是研究都有很大的帮助。这可能就是物理学原理的潜在的力量。而建筑学如果离开了物理学那么也将在世界上不会有那么多的优秀作品出现了。我国著名的建筑学家梁思成可以建造出那么多不朽的建筑和他自身的物理学基础密不可分。

综上所述，建筑中的物理学原理主要体现在声学、光学以及热工学等方面。合理的热工学设计能使建筑内部更具有舒适感，使建筑本身的价值最大化。至于在光学方面,足够的自然光照射是必须的条件,也就是俗称的采光问题,同时建筑内各种灯光的合理设置也是必须的。两者互补才能在各种情况下都能保证建筑内充足的光源。还有就是声学方面,这是一个十分重要的因素。许多公共场所对光学和声学的要求很高,所以建筑物理学的应用还是很普遍的,生活中随处可见。建筑物理学也特别重视从建筑观点研究物理特性和建筑艺术感的统一。物理原理在建筑中的应用也是人类发展史上的具有重要意义的发现,以后的发展一定会更好的。

第五节　建筑中地下室防水设计的原理

本文阐述了民用建筑中地下室漏水的主要原因,介绍了民用建筑中地下室防水设计的原理,对民用建筑中地下室防水设计的方法进行了深入探讨,以供参考。

随着地下空间的开发,地下建筑的规模不断扩大,地下建筑的功能逐渐增多,同时对地下室的防水要求也随之提高。在地下工程实践中,经常会遇到各种防水情况和问题需要解决。

一、民用建筑中地下室漏水的原因

（一）水的渗透作用

一方面,由于民用建筑中的地下室多在地面之下,这无疑会使得土壤中的水分以及地下水在一些压力和重力的作用下,逐渐在地下室的建筑外表面聚集,并逐渐开始向地下室的建筑表面浸润,当这些水的压力使其穿透地下室建筑结构中的裂缝时,水就开始向地下室开始渗透,导致地下室出现漏水的现象。另一方面,由于下雨或者地势低洼等因素所造成的地表水在民用建筑地下室的外墙富集,随着时间的推移,在压力的作用和分子的扩散运动作用下,也会使得其对地下室的外墙形成渗漏,久而久之造成地下室漏水。

（二）地下室构筑材料产生裂缝

地下室外四周的围护建筑,绝大多数是钢筋混凝土结构。钢筋混凝土的承压原理来自其自身产生的细小裂缝,通过这些微小的形变来抵消作用在钢筋混凝土表面的作用力。这种微小的裂缝虽然并不起眼,但是对于深埋地下的地下室围护建筑而言,是无法防止地下水无处不在的渗透的。此外,由于受到物体热胀冷缩原理的影响,地下室围护建筑中的钢筋混凝土在收缩时会产生收缩裂缝,这是无法避免的。这些裂缝就会变成无孔不入的水进入地下室的通道,造成地下室渗透漏水。

（三）地下室的结构受到外力发生形变

在地质运动等外力的影响和作用下，地下室的结构会发生形变，其结构遭到破坏，失去防水作用，造成漏水现象。

二、民用建筑中地下室防水设计的原理

通过对造成民用建筑地下室出现渗水、漏水的因素进行分析以后，可知水的渗透和地下室结构由于各种复杂因素产生的裂缝是其漏水的主要原因，因此在对地下室进行防水设计时，就要消除或减小这些因素的影响。由于地下室所处的空间位置和地球重力因素的影响，地下室围护建筑表面水分聚集时很难改变的，因此我们需要将对民用建筑地下室防水的重点放在对其附近的水分进行疏导排解以及减少其结构形变和产生的裂缝上。因此，在民用建筑中地下室防水设计就是对地下室建筑表面的水分进行围堵和疏导。所谓地下室防水设计中的"围堵"，首先是在地下室建造的过程中，要对其所设计的建筑进行不同层级的分类，并根据《地下工程防水技术规范》（GB50108-2008）对民用建筑地下室防水的要求，明确地下室的防水等级，然后再确定其防水构造。因此，其防水设计的原理主要是对地下室主体结构的顶板、地板以及围护外墙采取全包的外防水的手段。而对地下室防水设计中的"疏导"而言，其主要原理就是通过构筑有效的排水设施，将聚集在地下室建筑外围表面的水进行有效疏导，给出其渗透出路，降低其渗透压力，进而减轻其对地下室主体建筑的渗透和破坏，并通过设备将这些水分抽离地下，使其远离地下室的围护建筑。

三、民用建筑中地下室防水设计的方法

（一）合理选用防水材料

就民用建筑而言，最常用的防水材料主要有防水卷材、防水涂料、刚性防水材料和密封胶粘材料等四种类型。防水卷材又包括了改性沥青防水卷材和合成高分子卷材两种。一般来说，防水卷材借助胶结材料直接在基层上进行粘贴，其延伸性极好，能够有效预防温度、振动和不均匀沉降等造成的变形现象，整体性极好，同时工厂化生产可以保证厚度均匀，质量稳定；防水涂料则主要分为有机和无机防水涂料两种。防水涂料具备着较强的可塑性和粘结力，将其在基层上直接进行涂刷，能够形成一层满铺的不透水薄膜，其具备着极强的防渗透能力和抗腐蚀能力，且在防水层的整体性、连续性方面都比较好；刚性防水层是指以水泥、砂石为原材料，掺入少量外加剂，抑制或调整孔隙率，改变空隙特征，形成具有一定抗渗能力的水泥砂浆混凝土类

防水材料。

（二）对民用建筑地下室进行分区防水

在民用地下室防水设计的实际工作中，可以采取分区防水的方法进行防水。这种方式主要是根据地下室的形状和结构将地下室进行分区隔离，使其形成独立的防水单元，减少水在渗透某一区域后对其他区域的扩散和破坏。比如对于一些超大规格的民用建筑的地下室，可以采取分区隔离的防水策略，以便减少地下室漏水造成的破坏。

（三）采用使用补偿收缩混凝土以减少裂缝的产生

在民用建筑地下室的防水设计中，可以采取使用补偿收缩混凝土的方式来减少混凝土因热胀冷缩所产生的裂缝，从而有效进行防水。补偿收缩混凝土则会用到膨胀水泥来对其配制，比如使用水工用的低热微膨胀水泥，常用的明矾石膨胀水泥以及石膏矾土膨胀水泥等。在民用建筑地下室的实际设计中可以采用 UEA-H 这种高效低碱明矾石混凝土膨胀剂，它可以有效提高民用建筑地下室的抗压强度，且对钢筋没有腐蚀，可以有效减少混凝土产生的裂缝，实现地下室的有效防水。

（四）加强地下室周围的排水工作

在民用建筑地下室的防水设计中，要结合地下室的实际构造和周围的环境，加强对地下室周围的排水工作，将地下室周围的渗水导入预先设置的管沟，并随之导向地面的排水沟将其排出，从而减少渗水对于地下室的结构的压力和破坏，实现地下室的有效防水。

（五）细部防水处理

在民用建筑地下室的防水设计中，其周遭的防护都是采用混凝土进行施工的。因此在对混凝土施工过程中，要做好其细部防水的工作。比如在穿墙管道时，对于单管穿墙要对其进行加焊止水环，而如果是群管穿墙，则必须要在墙体内预埋钢板；比如在混凝土中预埋铁件要在端部加焊止水钢板；比如按规范规定留足钢筋保护层，不得有负误差，防止水沿接触物渗入防水混凝土中。

综上所述，在民用建筑实际的施工过程中，地下室的规模不断扩大，其所占的建筑面积和所需要的空间也不断加大，其深度也不断加深，这在无形之中加大了地下室建筑施工的技术难度，同时也增加了地下室漏水的风险。防水工程是个系统工程，从场地的选址、建筑规划开始就应有相关防水概念贯穿其中，避开不利区域，为建筑防水控制好全局；设计师应在具体设计时合理选用防水措施，控制好细节构造，将可能的渗漏隐患降到最低；施工阶段则要严格按照施工工序，保质保量完成施工任务。只有多方面管控协助，才能做出完美的防水工程。

第六节　建筑设计中自然通风的原理

在设计住宅建筑的过程中，设计人员既要考虑住宅建筑的设计质量和设计效果。与此同时也应充分的考虑住宅建筑的设计是否具有舒适性。设计人员要以居民为主，设计出较为合理的住宅建筑，这样才能为人们提供优质的居住空间。自然通风对人们的生活颇为重要，保证住宅内自然通风，可以有效的改善室内的空气质量，让人们的居住环境更加温馨，而且实现住宅内自然通风也可以节省能源，并对环境起到一定的保护作用。因此，本文将对住宅建筑设计中自然通风的应用进行深入的研究。

人们生活水平的不断提高，致使人们对建筑物室内的舒适度的要求也越来越严格。建筑物的自然通风效果的好坏会直接影响到人的舒适度。因此，对建筑物自然通风的设计尤为重要。深入对建筑物自然通风设计的思考，剖析建筑物自然通风的原理，使传统风能相关原理及技术与建筑物的设计相结合，达到建筑物自然通风的最佳化。

一、自然通风的功能

（一）热舒适通风

热舒适通风主要是通过空气的流通加快人体表面的蒸发作用，加快体表的热散失，从而对建筑物之内的人类起到降温减湿作用。这种功能与我们夏天吹电风扇的功能类似，但是由于电风扇的风力过大，且风向集中，对于人体来说非常不健康。通过自然通风的方式可以通过空气的流通较为舒缓的加快人体的体表蒸发，尤其是在潮湿的夏季，热舒适通风不仅可以降低人体的温度，还可以解决体表潮湿的不舒适感。

（二）健康通风

健康通风主要是为了为建筑物之内的人类提供健康新鲜的空气。由于建筑物内属于一个相对密封的环境，再加上有各种人类活动，导致其中的空气质量较差。或者一些新建的建筑物，所使用的建筑材料当中本来就含有较多的有害物质，如果长时间不进行空气流通，就会对其内的人类健康造成威胁。自然通风所具有的健康通风功能，可以有效地将室内的浑浊空气定期置换到室外，从而保证室内的空气质量，保护建筑物之内的人类健康。

（三）降温通风

所谓降温通风，就是通过空气流通将建筑物内的高温度空气与室外的低温度空气进行热量的交换。一般来说，在建筑采用降温通风的时候，要结合当地的气候条件以及建筑本身的结构特点进行综合考虑。对于商业类的建筑，要过渡季节要充分进行降温通风，而对于住宅类的建筑，在白天应该尽量避免外界的高温空气进入建筑物，而到了晚上可以使用降温通风来降低室内温度，从而减少空调等其他降温设备的能耗。

其特点主要体现在以下几个方面：①室外的风力会对室内的风力造成影响，当两种风力结合在一起后就会促进室内空气的流通，这样就可以有效的减少室内污染空气的排放，降低室内的稳定，到达自然通风的效果。②要想有效实现自然通风，在还应考虑热压风压对自然通风造成的影响，借助外力解决影响自然通风的因素。

二、建筑设计中对自然通风的应用

（一）由热压造成的自然通风

风压和热压是促进自然通风的力量，通常而言，当室内与室外的气压形成差异的时候，气流就会随着这种差异进行流动，从而实现自然通风，促进室内空气的流通，使居住者感到居住适宜，通风气爽。自然通风五一是相对于电器的通风更加健康、更加经济、更加舒适的通风方式。有时候通风口的设置对于促进通风也具有重要的作用，有助于加强自然通风的实施效果。影响热压通风的因素有很多种：窗孔位置、两窗孔的高差和室内空气密度差都是重要的因素。在建筑设计实施的过程中，使用的方法有很多，例如建筑物内部贯穿多层的竖向井洞也是一种重要的方法，通过合理有效的通风方法实现空气的流通。实现建筑隔层空气的流通将热空气通过流通排除室外，达到自然通风，促进空气的交换。和较风压式自然通风对比而言，热压式自然通风对于外部环境的适应性也是很高的。

（二）由风压造成的自然通风

这里所说的风压，是指空气流在受到外物阻挡的情况下所产生的静压。当风面对着建筑物正面吹袭时，建筑物的表面会进行阻挡，这股风处在迎风面上，静压自然增高，并且有了正压区的产生，这时气流再向上进行偏转，并且会绕过建筑物的侧面以及正面，并在侧面和正面上产生一股局部涡流，这时静压会降低，负压差会形成，而风压就是对建筑背风面以及迎风面压力差的利用，压力差产生作用，室内外空气在它的作用下，压力高的一侧向压力低的一侧进行流动，并且这个压力差与建筑与风的夹角、建筑形式、四周建筑布局等几个因素关系密切。

（三）风压与热压共同作用实现自然通风

自然通风也有一种通过风压和热压共同作用来实现自然通风，建筑物受到风、热压同时作用时，建筑物会在压力的作用下受风力的各种作用，风压通风与热压通风相互交织，相互促进，实现通风。一般来说，在建筑物比较隐蔽的地方，对于通风的实现也是必要的，这种风向的流向是在风压和热压的相互作用下进行的。

（四）机械辅助式自然通风

现代化的建筑楼层越来越高，面积越来越大，实现通风的必要性更大，同时也必然面对的一个问题是这也使得通风路径更长，这样空气就会受到建筑物的阻碍，因此，不得不面对的现实是简单的依靠自然风压及热风无法实现优质的通风效果。但是，对于自然通风需要注意的一个问题是，由于社会发展造成的自然环境恶化，对于城市环境比较恶劣的地区，自然通风会把恶劣的空气带入室内，造成室内空气的污染，危害到居住者的身体健康，这时就需要辅助的自然通风，这有利于室内空气的净化，不仅实现室内的通风，也不将影响身体健康的恶劣空气带入室内。

总之，自然通风在建筑中不仅仅改善了室内的空气问题，同时还调节了室外的环境问题。这种自然通风受到很多人的关注，相信随着技术的发展，自然通风技术一定会在建筑设计中取得理想的成绩。

第七节　建筑的人防工程结构设计原理

对于建筑工程而言，人防工程的建设十分重要，特别是对于高层建筑而言更是重中之重。不仅可以在人们正常生活中发挥重要的作用，还可以保证战时人们的生命与财产安全。在我国的高层建筑建设中对于人防工程的结构设计有着相当严格的要求。而人防工程的建设质量直接影响着其使用的寿命。本文通过对高层建筑的人防工程结构设计原理进行分析，探讨高层建筑的人防工程结构设计方法。

人防工程又被称之为人防工事，其建设的主要目的是为了保障战时人们的生命与财产的安全，避免在敌人突然袭击后遭遇重大的损失而失去战争的潜力。而高层建筑的人防工程结构设计主要是针对防空地下室等而言的，保证在战时人们的财产能够安全的转移。所以对于人防工程的结构设计而言,尤为重要。

一、人防工程的结构设计原理

人防工程的含义是人民防空工程,在我国的人防工程结构设计当中主要将人防工程与建筑本身相结合,对于高层建筑而言其主要设计呈现方式为地下室,而地下室的设计是高层建筑在进行建筑设计时本身就需要考虑的事情,其设计的目的不仅仅是为了防空工程的需要,在平常还可以为人们的正常生活提供必要的作用。而其作为一种人防工事必须要对其建筑的稳定性进行分析,在我国的很多高层建筑的地下室当中,在正常时期都作为储藏室或者低下车库来进行使用,而到了战时这些地方就会变成坚固的防空工事,保障人们的生命安全。所以高层建筑的地下室在建筑设计时不仅要考虑其使用性能还要对其坚固性能进行分析,首先人防工程其承受的负载范围除了要承受高层建筑的压力之外还需要对在战时可能发生的各种爆炸承受能力进行考虑,比如说在核弹爆炸时所承受的冲击负载,而人防工程则需要对这种冲击负载进行直接承受,所以对于其承受力一定要有着精确的计算。

这种承载力的设计在平常时期不可能对其进行结构方面的实际试验所以在一般的高层建筑的人防工事设计当中一般以等效静载法的方式对其进行验算,比如对于核弹爆炸时的结构承受力的计算,这种爆炸力所造成的承受力大但是其作用时间比较短,所以对于地基的承载力以及并行与裂缝等一些情况可以不作验算。虽然在战时对于其荷载力的要求往往比较高,但是在进行结构设计时也不需要与战时可能承受的所有荷载力进行硬性的需求,而是与平常情况进行对于,将战时可能发生的最大承受力进行实验。而对于不同楼层的高层建筑其人防工程的结构设计有着不同的设计原理,对于楼层较多的建筑而言,其楼层的本身负载;力也要计算在内,而对于平时与战时的受力情况进行双重的分析,取其最大值作为受力依据。

二、人防工程的结构设计方法

首先对于高层建筑的人防工程的设计而言要遵循,上部楼层的高层设计要与下部的人防工事相一致。而对于人防工程而言,考虑其使用性能。不能在地面进行设计,所以对于该工程的结构设计而言,只要遵循其承载力与建筑构件的质量要求,一般就可以满足其设计需求。

(一) 材料强度的设计

人防工程与其他工程有着本质上的区别,普通工程所需要承受的荷载主要是在平时人们的使用过程当中所承受的静荷载,或者说是建筑本身所拥有的静荷载保护,而对于人防工程而言,其建筑的主要目的是针对展示人们的生命安全进行保障,所以其承受的荷载主要是由于战争引起爆炸后所造成的动荷载,两种荷载的目的截然不同,静荷载指的是工程质量本身所决定的工程的使用年限,而动荷载则指的是在受到外界因素冲击时工程所承受的负荷力。所以对于人防工程的结构设计而言,其结构的设计以及结构材料的选用,应当在考虑瞬时动荷载力的情况下进行结构的最大化设计,将所承受的最大负荷系数作为其防御的主要系数,对于钢材、混凝土都需要按照不同的负荷强度进行等级的限定。在进行普通情况下人防系数的建筑设计时,所选用的材料应该在其所承受的综合受力系数上进行大于1的材料强度,而在对于脆性破坏的部位而言,其承受的负荷力应该是小于1的负载力,所以在建筑结构设计时应当区别开来。

（二）参数的选取

在我国目前的高层建筑人防工程的设计当中,对于计算机技术的应用已经较为先进,PKPM计算机软件技术的应用以及较为普遍。这种技术的应用情况下只需要对建筑构造中梁、板的设计进行需求的数据输入,然后运用BIM技术进行建筑模型的构造,再将所计算出来的建筑结构最大承载力的相应数据进行输入,可以直接检验其结构的额设计十分符合要求,也可以通过数据对梁、板的配筋图进行改善,对于人防工程而言其电算数据的真实性与科学性非常重要。在进行电算数据的计算时,主要是将主楼与裙楼进行连接计算,而楼板所选用的一般为非抗震构件,所有其数据不会受其他因素的影响,而对于梁而言,属于一种抗震构件,所以其数据会由于抗震承载力而产生误差,所以对于两种构件的电算顺序应该进行分别的计算,首先对于梁、柱子、墙等抗震构件的抗震承载力进行分析,将其电算数据与板的电算数据相隔开进行不同的方法计算,在实际的计算过程当中,对于人防工程的承载力电算数据应该减去抗震承载力,然后再进行构建的设计。因为抗震负荷力的承受与战时所产生的爆炸动荷载是完全不一样的,所以应当进行分类处理。

在高层建筑的构建过程当中,应当将地下人防工程的结构设计放在首位,对于楼层的设计而言主要采取静荷载的计算方式,而对于地下防空工程结构设计而言主要采取动荷载的计算方式。高层建筑的人防工程对于人们的正常生活有着非正常大的帮助,不仅可以在平常时期对于人们的正常生活起着作用,在战时还可以作为人们生命财产安全的一种保障。所以对于人防工程的结构设计一定要做到数据的精确、设计的科学以及建筑质量的保障。

第八节 高层建筑钢结构的节点设计原理

随着城市化进程的不断加快,高层建筑兴起,高层建筑的质量越来越受到关注。在高层建筑中,钢结构的应用越来越广泛,因此,钢结构的节点设计就尤为重要。本文分析了高层建筑钢结构的节点设计原理,然后就高层建筑钢结构的节点设计应用进行了探讨。

在现代建筑工程中,钢结构在高层建筑中的应用越来越广泛,钢结构包括两个构成部分:构件和节点,这两个部分相互联系、密不可分,在钢结构的实际应用中,如果保证了构件的质量而不注重节点设计,钢结构的质量也无法保证。钢结构因其稳定性广泛应用在高层建筑中,但是,实践中,仍有很多建筑物会因为种种原因受到损坏,其中一个很重要的原因就是钢结构的节点设计没有按照相关规定进行,因此,钢结构不仅要求构件符合质量,还需要进行合理的节点设计,从而更好的保证钢结构的稳定性,确保建筑物的质量。

一、高层建筑钢结构的节点设计原理

(一)高层建筑钢结构的节点连接方式

一般说来,高层建筑钢结构的节点连接方式有三种:焊接连接、高强度螺栓连接、栓焊混合连接。焊接连接,这种连接方式的优点是传力和延展性好,操作简便,缺点是残余应力强,抗震力弱。对于焊接连接这种方式来说,使用最广泛的是全熔透的焊缝技术,该焊接技术针对塑性区域和高强度区域的连接效果比较好;高强度螺栓连接,这种连接方式一般应用在需采用摩擦型的高层建筑钢结构中,该方式施工简便,但是成本较高,且震动强烈时易出现滑移的情况;栓焊混合连接,该连接方式在高层建筑物翼缘和腹板部分使用最为广泛,其施工简便,成本较低,具有一定的优越性,但是,在使用栓焊混合连接时要注意温度的影响。

(二)高层建筑钢结构节点的设计要求

钢结构包括构件和节点两个部分,在高层建筑中,影响钢结构质量的一个关键因素是节点,为了保证业主对质量的要求,可以采用焊接连接方式来保证焊缝质量,焊接连接工序简便,便于安装,下面介绍几种节点连接方式:

(1)刚性连接节点。建筑力学要求建筑钢结构的节点设计保持连续性,只有符合这个要求,钢结构节点连接处的各个构件形成的角度才会实现最大承载力且不易发生变化，而且，在此基础上连接而成的钢结构的强度大小远远超过被连接构件所形成的强度和大小。钢结构的连接方式主要有两种，焊缝连接和螺栓连接，与焊接连接相比，螺栓连接工序简单、成本低廉，能在一定程度上保证钢结构的质量。柱和柱之间的连接也是钢结构节点设计应该注意的一个问题，在施工时，柱和柱之间的连接可以按照截面的变化分成等截面拼接和变截面拼接两种，而等截面焊接拼接与梁的拼接方法基本一致。

（2）半刚性连接节点。半刚性连接节点的设计要求其承载力不得低于建筑物的承载力，而且半刚性连接节点的连接方式与高层建筑物设计不一致会使得建筑结构的弹性强度超过钢结构连接节点的弹性刚度，因此，不使用半刚性连接节点。

（3）铰接连接节点。高层建筑中，钢结构主梁和次梁铰接连接节点设计应用比较广泛，与混凝土结构相比，钢结构主梁和次梁铰接连接节点更接近实际，且节点受力简单，主梁和次梁之间采用腹板摩擦性高强螺栓实现铰接连接，螺栓的抗剪承载力是考虑最广泛的因素，门式刚架因内力较小，柱脚可采用铰接连接，为了工程材料运输的方便，一般会将大跨梁分段设计，运输到施工现场后再进行拼接。

二、高层建筑钢结构的节点设计应用

钢结构因其稳定性被广泛应用在高层建筑中，但是，实践中，仍有很多建筑物会因为种种原因受到损坏，其中一个很重要的原因就是钢结构的节点设计没有按照相关规定进行，因此，钢结构不仅要求构件符合质量，还需要进行合理的节点设计，从而更好的保证钢结构的稳定性，确保建筑物的质量，下面将从高层建筑钢结构的节点设计进行分析。

（一）梁与柱连接节点的设计

梁与柱的连接方式主要有三种，铰接连接，该连接方式柱身会受到梁端的竖向剪力的影响，由于轴线夹角随意，因此，在进行节点设计时不需要考虑转动的影响；刚性连接，该连接方式中柱身要受到梁端传递的弯矩的影响，轴线夹角不能随意改动；半刚性连接，介于铰接连接和刚性连接之间的一种连接方式，轴线夹角可以在一定的限定范围内改变。钢结构框架中柱的机构是贯通型的，因此，考虑到高层建筑的抗震性设计，需要对框架与支撑的梁柱使用刚性连接，分为梁柱直连或者是梁与悬臂拼连。高层建筑中钢结构的节点设计一定要考虑抗震性的要求，包括使用全熔透的焊缝技术，该技术可以最大限度的增强柱与梁翼缘之间的连接，确保连接处的稳固性，同时，还可以对腹板角处的扇形切角进行合理的设计。在进行梁与柱连接节点的设计时，还需要使梁的全截面塑性模量高于翼缘的70%，且腹板与柱的连接要大于两列，最低不能低于1.5倍，这样可以保证梁与柱连接的稳固性，从而最大程度上保证高层建筑物的安全。

（二）主梁和次梁的节点设计

主梁与次梁的节点设计主要针对的是悬臂梁段和梁之间的节点连接，即翼缘采用全熔透焊接连接，腹板之间以及腹板与翼缘之间采用螺栓连接方式，螺栓连接方式中，使用最广泛的是摩擦型。主梁与次梁的节点设计，要充分考虑剪力的影响，考虑因为连接而产生的连接弯矩，这是对次梁来说的，对主梁则可忽视。高层建筑的抗震设计也是需要考虑的重点，因此，需要考虑横梁框架带来的侧向屈曲，需要对横梁设置支撑构件，从而可以有效支撑横梁，最大程度确保钢结构的稳定性和安全性。

（三）柱和柱的节点设计

为了运输的便利，柱与柱的连接通常都是在施工现场进行的，为了保证稳定性，框架一般采用工字型或方形截面柱，如果是箱型柱一般采用焊接的形式，而柱与柱之间的焊接应该采用V型或U形焊缝，而且焊接角度不能少于1/3，更不能少于14 mm。为了钢结构的稳固新，柱与柱的节点连接还应该安装耳板，但是需要注意的是，耳板的厚度不能超过10 mm，且坡口深度应大于板厚的1/2。

（四）柱脚的节点设计

柱脚主要是起固定作用，将柱脚固定在整个柱的底端，通过这种固定，可以将整个柱身承受的内力下传至基础，因基础使用钢筋混凝土制造而成，其承受的压力值远远大于接触面所受到的力，因此对柱脚的节点设计可以使高层建筑物最大限度的承受压力，保证稳定性。在柱脚的节点设计中，铰接柱脚的设计可以使轴心承受更大的压力，如果柱轴承受的压力值较小，可以将柱脚的下端与底板直接焊接。

随着城市化进程的不断加快，我国的高层建筑也在不断的增加，钢结构也广泛的应用在高层建筑中，钢结构的应用也在一定程度上加快了建筑业的发展。在高层建筑中，钢结构具有其他结构无法替代的优越性，相应地，对钢结构也就提出了更高的要求，要保证钢结构的质量，需要不断提高钢结构的节点设计，从理论和实践上不断完善，以更好的保证高层建筑的质量，促进我国建筑业的发展。

第二章 生态建筑仿生设计

第一节 生态建筑仿生设计的产生与分类

一、建筑仿生设计的产生

建筑仿生是建筑学与仿生学的交叉学科。为了适应生产的需要和科学技术的发展,20世纪50、60年代,生物学被引入各行各业的技术革新,而且首先在自动控制、航空、航海等领域取得了成功,生物学和工程技术学科结合渗透从而孕育出一门新生的学科——仿生学。1960年9月美国空军航空局在俄亥俄州的戴通召开的第一次仿生学会议标志着仿生学作为一门独立学科的诞生。在建筑领域里,建筑师和规划师们也开始以仿生学理论为指导,系统地探索生物体的功能、结构和形象,使之在建筑方面得以更好地利用,由此产生了建筑仿生学。这门学科包含了众多子学科,如材料仿生学、仿生技术学、都市仿生学、建筑仿生细胞学和建筑仿生生态学等。建筑仿生学将建筑与人看成统一的生物体系——建筑生态系统。在此体系中,生物和非生物的因素相互作用,并以共同功能为目的而达到统一。它以生物界某些生物体功能组织和形象构成规律为研究对象,探寻自然界中科学合理的建造规律,并通过这些研究成果的运用来丰富和完善建筑的处理手法,促进建筑形体结构以及建筑功能布局等的高效设计和合理形成。

建筑仿生设计是建筑仿生学的重要内容,是指模仿自然界中生物的形状、颜色、结构、功能、材料以及对自然资源的利用等而进行的建筑设计。它以建筑仿生学理论为指导,目的在于提高建筑的环境亲和性、适应性、对资源的有效利用性,从而促进人类和其生存环境间的和谐。在建筑仿生设计中,结合生物形态的设计思想来源深远,与建筑史有着紧密的联系,它为建筑师提供了一种形式语言,使建筑能与大众沟通良好,更易于接受,满足人们追求文化丰富性的需求。建筑仿生设计还暗示建筑对自然环境应尽的义务和责任,一栋造型像自然界生物或是外观经过柔和处理的建筑,要比普通的高楼大厦或是方盒子建筑更能体现对环境的亲和,提醒人们对自然的关心和爱护。

二、建筑仿生设计的分类

建筑仿生设计一般可分为造型仿生设计、功能仿生设计、结构仿生设计、能源利用和材料仿生设计等四种类型。造型仿生设计主要是模拟生物体的形状颜色等，是属于比较初级和感性的仿生设计。功能仿生设计要求将建筑的各种功能及功能的各个层面进行有机协调与组合，是较高级的仿生设计。这种设计要求我们在有限的空间内高效低耗地组织好各部分的关系以适应复合功能的需求，就像生物体无论其个体大小或进化等级高低，都有一套内在复杂机制维持其生命活动过程一样。建筑功能仿生设计又可分为平面及空间功能静态仿生设计、构造及结构功能动态仿生设计、簇群城市及新陈代谢仿生设计等。结构仿生设计是模拟自然界中固有的形态结构，例如生物体内部或局部的结构关系。结构仿生设计是发展得最为成熟且广泛运用的建筑仿生分支学科。目前已经利用现代技术创造了一系列崭新的仿生结构体系。例如，受柱子和苇草的中空圆筒形断面启发，引入了筒状壳体的运用，蜘蛛网的结构体系也被运用到索网结构中。结构仿生可分为纤维结构仿生、壳体结构仿生、空间骨架仿生和模仿织物干茎的高层建筑结构仿生四种。能源利用和材料仿生是建筑仿生设计的新方向，由于生态建筑特别强调能源的有效利用和材料的可循环再生利用，因此它是建筑仿生设计未来的方向。

第二节 生态建筑仿生设计的原则和方法

一、建筑仿生设计的原则

（一）整体优化原则

许多在仿生建筑设计上取得卓越成就的建筑师在设计中非常强调整体性和内部的优化配置。巴克敏斯特·富勒集科学家、建筑师于一身，很早就提出："世界上存在能以最小结构提供最大强度的系统，整体表现大于部分之和。"他执着于少费多用的理念创造了许多高效经济的轻型结构。在他思想指引下的福斯特和格雷姆肖通过优化资源配置成就了许多高科技建筑名作。

（二）适应性原则

适应性是生物对自然环境的积极共生策略，良好的适应性保证了生物在恶劣环境下的生存能力。北极熊为适应天寒地冻的极地气候，毛发浓密且中空，高效吸收有限的太阳辐射，并通过皮毛的空气间层有效阻隔了体表的热散失。仿造北极熊皮毛研制的"特隆布墙"被广泛地运用于寒冷地区的向阳房间,对提升室内温度取得了良好的效果。

（三）多功能原则

建筑被称为人的第三层皮肤,因此它的功能应当是多样的,除了被动保温,还要主动利用太阳能;冬季防寒保温,夏季则争取通风散热。生物气候缓冲层就是一项典型的多功能策略,指的是通过建筑群体之间的组合、建筑实体的组织和建筑内部各功能空间的分布,在建筑与周围生态环境间建立一个缓冲区域,在一定程度上缓冲极端气候条件变化对室内的影响,起到微气候调节效果。

二、建筑仿生设计的方法

（一）系统分析

在进行仿生构思时,首先要考虑自然环境和建筑环境之间的差别。自然界的生物体虽是启发建筑灵感的来源,却不能简单地照搬照抄,应当采用系统分析的方法来指导对灵感的进一步研究和落实。系统分析的方法来源于现代科学三大论之一——系统论。系统论有三个观点:①系统观点,就是有机整体性原则;②动态观点,认为生命是自组织开放系统;③组织等级观点,认为事物间存在着不同的等级和层次,各自的组织能力不同。元素、结构和层次是系统论的三要素。采用系统分析的方法不仅有助于我们对生物体本身特性的认识与把握,同时使我们从建筑和生物纷繁多变的形态下抓住其共同的本质特征,以及结构的、功能的、造型的共通之处。

（二）类比类推

类比方法是基于形式、力学和功能相似基础上的一种认识方法,利用类比不仅可在有联系的同族有机体中得出它们的相似处,也可从完全不同的系统中发现它们具有形式构成的相似之处。一栋普通的建筑可以看成生命体,有着内在的循环系统和神经系统。运用类比方法可得出人类建造活动与生物有机体间的相似性原理。

（三）模型试验

模型试验是在对仿生设计有一定定性了解的基础上,通过定量的实验手段将理论与实践相结合的方式。建立行之有效的仿生模型,可以帮助我们进一步了解生物的结构,并且在综合建筑与生物界某些共通规律的基础上,开发一种新的创作思维模式。

第三节　生态造型仿生设计

在大自然当中有许多美的形态，例如色彩、肌理、结构、形状、系统，不仅给我们视觉的享受，还有来自大自然的形态效仿给予我们的启发。建筑师们对自然景观形态的认识，不断地丰富建筑的艺术造型，因为住房环境需求在不断地提升和变化，建筑造型的要求也在不断地增加，对自然界的美丽形态进行观察和利用，大自然拥有建筑造型取之不竭的资源，进而我们的生活和大自然之间的联系就更加的紧密。

一、仿生建筑的艺术造型原理

有一些鸟使用草和土来建造鸟巢的方式和很多民族建筑的风格相似。建筑学家盖西以为造型形态体现的方式就是：聚合、连接、流动性、对称、透明、凹陷、中心性、重复、覆盖、辐射、复加、分开和曲线等。

（一）流动性

这是动感的曲线与自然界之间的密切联系。例如：在动物进行筑巢的时候，更加倾向于曲线的外形。这就体现出动物对出于本能的将其内部的空间和其活动与生活习性之间的结合。这样运动和空间之间的联系，就注定了不同物种在构建隐身的地方有丰富的曲线，就像日本的京都音乐厅，由曲线来制作玻璃幕墙，可以说是曲线建筑的代表之作。

（二）放射性

这就和辐射感相类似，由中心圆辐射不完整的线条。例如：叶脉和植物中花片的线条，鸟类的尾部和双翼、孔雀开展的屏。在很大程度上都对建筑组合和建筑装饰造成了影响。美国的克莱斯勒大厦屋顶的装饰，就是运用了辐射建筑的装饰方式，美的广泛性原则，就是能够体现出建筑形态和自然形态的相似性，能够对建筑物模仿生物艺术造型的必要性进行了充分的体现。

（三）循环普通的规律和原理

例如：贝壳的外形，经过研究我们可以知道，导致美学遐想主要是由于贝壳美丽的外形。一个建筑物的设计，不管是其形式美，还是功能建筑和与自然界许多生物相似。在自然界当中很多物种为了能够生存下去就需要对自身的美进行展示，展示无其形态和绚丽色彩。因此，能够辩证的认为"真"和"美"的关系就是"功能和形态"的关系。在建筑进行仿生设计的时候，功能和形态结构也有着相类似的关联，生物体当中的支撑结构功能和建筑物当中的支撑部分功能是一致的。一般的支撑结构需要符合美学功能相同的需求，只有使用的合理，拥有正常的生态功能，仿生建筑结构的美感才可以得到真正地体现，实现"真"和"美"的和谐。

如今的社会发展迅速，越来越多的人整天游走于繁忙的工作中，人们面临巨大的生活与工作压力，人们渴望山川，渴望河流，渴望与大自然的密切接触，所以仿生建筑应运而生，并迅速地获得了人们的欢迎。仿生建筑的造型设计来源于自然与生活，通过对自然界中各种生物的形态特性等进行研究，在考虑相应自然规律的基础上进行设计创新，进而使得整个仿生建筑与周围环境能够实现很好的融合，也能保证仿生建筑的相应性能，还能满足人们对于自然地追求与向往。

二、仿生建筑造型设计的类型

（一）形态仿生的建筑造型设计

所谓形态仿生指的是从各种生物的形态方面，大到生物的整体，小至生物的一个器官、细胞乃至基因来进行生物的形态模拟。这种形态仿生的建筑造型设计是最基本的仿生建筑造型设计方法，也是最常见最简便的仿生建筑造型设计方法。这种形态仿生的造型设计有很多的优点，一方面由于设计外形取材于生物，所以能够很好地与周围的环境融为一体，成为周围环境的一种点缀，弥补了水泥建筑的不足，而且某些形态设计能很好地反映出建筑的功能，给人一种舒适感。另一方面，建筑设计仿照当地特有的植物或者动物形态，对当地的环境人文特色等有很好的宣传作用，能够让人从建筑就感受到这个地方的自然之美与神秘，继而带动当地旅游等产业的发展。

（二）结构仿生的建筑造型设计

所谓的结构仿生既包括通常所提到的力学结构，还包括通过观察生物体整体或者部分结构组织方式，找到与建筑构造相似的地方，进而在建筑设计中借鉴使用。生物体的构造是大自然的奇迹，其中蕴含着许多人类想象不到的完美设计，通过借鉴生物体自身组织构造的一些特点，可以解决我们在建筑造型设计中无法克服的难题，实现更好的设计效果，更好的保障建筑的性能。

（三）概念仿生的建筑造型设计

概念仿生的建筑造型设计就是一种抽象化仿生造型设计，这种设计方法主要是通过研究生物的某些特性来获得内在的深层次的原因，然后对这些原因进行归纳总结上升为抽象的理论，然后将这个理论与建筑设计相结合，成为建筑造型设计的指导理论。

三、仿生建筑造型设计的原则

（一）整体优化原则

仿生建筑的造型设计相对于传统的建筑造型而言，具有新颖、独特、创新等特点。这也是仿生建筑造型设计的那些建筑家们所追求的结果，他们旨在创新一种全新的建筑造型设计，突破以往传统建筑的造型设计，改变传统建筑造型的不足，给人一种耳目一新的感觉。这种追求无可厚非，但是设计不只是追求创新就可以的，要以建筑的整体优化为根本，如果建筑的造型过于突兀，与整个建筑显得格格不入，那这个建筑的造型设计就是失败的，因此仿生建筑造型设计在追求创新的同时，一定要保证建筑的整体得到优化。

（二）融合性原则

所谓的融合性原则指的是建筑的造型设计要与周围的环境相互融合，不能使整个建筑与周围的环境相差太大，格格不入。就像生物也要与环境相融合一样，借鉴生物外形、特性等设计的建筑造型，也一定要与周边的环境相互融合，相互映衬，才能保证建筑存在的自然性，就像建筑本就是环境中自然存在的一般，给人一种和谐统一的感觉，而不是就像在原始森林见到高楼大厦的那种惊恐感。有很多的建筑都很好地体现了这种融合性的原则，使得建筑的存在浑然天成。

（三）自然美观原则

仿生建筑的造型设计无论如何的追求创新，最终的目的都是设计出自然的、美观的、给人带来舒适感的建筑。仿生建筑的造型设计取材于大自然的各种生物形态等，具备自然的特性是必须的。其次，美观也是建筑造型设计所必须具备的，谁也不喜欢丑陋的建筑造型，美观的建筑造型设计可以给人一种心灵上的愉悦感，使人心情舒畅。

四、仿生建筑的艺术造型方式

对仿生两字进行字面上的分析就是对生物界规律进行模仿，所以仿生建筑艺术造型的方式应该来源于形态缤纷的大自然。我们经过对奇妙的自然认识以后，通过总结和归纳，把经验使用在建筑的设计上，仿生建筑艺术的造型方式能够定义成形象的再现(具象的仿生)以及形态重新地创新(抽象的转变)两种形态。

(一)形象的再现

具象的模仿属于是形象的再现,这其实就对自然界一种简单的抄袭,我们对自然形态进行简单的加工和设计以后在使用建筑的造型上,就会有一种很亲切的形象感觉,这是由于形态很自然。能够将仿生建筑的具象模仿由两个角度来进行定义,分成建筑装饰模仿以及建筑整体造型的模仿。

早在希腊、古埃及与罗马的柱式当中,特别是在柱头上面,发现运用仿生装饰造型,例如:草业和涡圈。建筑装饰的仿生在很久以前还有避祸、祈福以及驱鬼的含义。目前的建筑设计当中,使用仿生艺术装饰的办法有许多。例如:汉斯.霍莱茵对维也纳奥地利旅行社进行的设计,在下层大厅当中,运用零星的点缀对金属形成的梧桐树进行了装饰,金色的树叶和树干使我们能够想起热带风情当中灼热的太阳,灯光在金属树木和金色的树干之间相互的折射,使得我们仿佛置身在南方的热带风情园当中。迪斯尼世界当中的海豚旅馆以及天鹅旅馆许多的贝壳与天鹅造型都被雕塑使用在建筑的外立面上面。

(二)对形态进行重新地创新

对形态进行重新地创新,就是由抽象的变化,这也是经过自然界的形态加工形成的,但是这只不过是通过艺术抽象的转变,并且将其使用在建筑造型的设计当中,和具象模仿的方式进行比较,经过抽象的变换,得到的建筑造型特色以及韵味就会更强,这也是常见的使用仿生方式的一种。与此同时,应该要求建筑设计者审美、创新和综合能力具有一个比较高的水平,能够对自然形态合理地进行艺术抽象处理,并且成为独具特色的有机建筑造型。对自然和建筑的和谐进行追求,自然形态和建筑艺术造型相融合。建筑大师高迪是一位抽象表现主义的杰出代表,在其对代表作巴塞罗那神圣家族的教堂创作当中,高迪使用自己独特的设计语言,对哥特式传统符号的形象进行了诠释。

仿生形态具有非常丰富的语言,在自然界当中有着很多形态结构导致仿生设计拥有独特性,这种独特性对设计的形式语言进行了丰富,无形、有形的规律使得建筑的设计语言更加独特和丰富。经过上面的论述,我们能够知道仿生设计在景观的设计当中运用的前景是非常的关键,仿生设计元素在景观设计当中广泛的运用是使得景观艺术能够更加丰富的对景观设计的可持续发展进行促进,大自然是我们人类最好的导师,在景观的设计当中应该对生态的原则进行尊重、对生命的规律进行遵循,把科学自然合理的,最经济的效果使用在景观的设计当中,这是对人类艺术和技术不断的融合和创造,这是我们对城市、自然以及和谐共共处美好的向往。

五、仿生建筑造型设计的发展方向

(一)符合自然规律

仿生建筑的造型设计是从自然界的生物中获得灵感,来进行造型创新。但在对仿生建筑进行造型设计时,并不是随心所欲的,一定要符合相应的自然规律。很多仿生建筑的造型设计新颖美观,但却违背了自然规律,使得相应的建筑在安全等性能上存在重大的问题,严重影响了建筑的整体。现在的仿生建筑的造型设计还大多停留在图纸上,投入实践的还为数不多,经验积累也不够。因此未来的仿生建筑的造型设计一定要积极地观察相应的自然规律,然后进行图纸设计,设计施工,使得建成的仿生建筑在符合自然规律的前提下实现创新。

(二)符合地域特征

建筑是固定存在于某个地方的,是不能随便移动的。各地的自然地理、文化、经济等条件等都各不相同,各有自己的特征,因此在仿生建筑的造型设计上自然也要有所区别,使得仿生建筑的造型设计可以体现出当地的各种特征来,才能与当地的环境更好地相互融合。就像传统的建筑造型设计一样,老北京的四合院,陕西的窑洞等,不断兴起的仿生建筑也要有自己独特的符合地域特征的造型设计,使得整个设计在满足当地地理人文的同时,又可以对当地有很好的宣传作用,成为各个区域的象征。

(三)要与环境相和谐

建筑设计讲究"天人合一",仿生建筑也不例外。在进行仿生建筑的造型设计时一定要观察考虑周边的环境特征,使得整个造型设计与周边的环境能够实现很好的统一,这也是仿生建筑造型设计融合性原则的要求。要想使得整个建筑不突兀,就必须重视建筑周边的自然环境,更何况是仿生建筑。仿生建筑要想更好地发展,就必然使其造型设计朝着与环境相和谐统一的方向不断地发展创新。

仿生建筑是未来建筑行业重点发展的方向,我们在经济发展的同时,越来越关注自然与环境的发展。因此积极地做好仿生建筑造型设计的发展创新十分重要,在仿生建筑的造型设计上坚持整体优化、相互融合、自然美观等原则,从观察大自然的过程中不断完成仿生建筑造型设计的形态仿生、结构仿生、概念仿生,使得仿生建筑的造型设计取材于自然,又与自然很好地融合在一起,实现仿生建筑基本性能的同时,又使其与自然环境实现和谐统一。

第四节　基于仿生建筑中的互承结构形式

一、仿生建筑学

仿生学形成于21世纪60年代,是一门交叉学科。其中包含了生命科学与机械、材料和信息工程等。仿生学随着科技与时代的发展不断深化着并且有着明显的跨学科特征。自然界的生物形态万千,它们有着不同的体态特征和独特的存在方式。通过认清客观生物自身形体特点探寻空间结构形式和构造之间的关系从而能更好地融入自然、顺应自然并与自然生态环境相协调,保持生态的平衡发展。所以从另外一个角度来说,仿生学的建筑也等同于绿色建筑。仿生学的重点在于仿生原型的相似以及仿生整体的综合性。

建筑仿生是科研界一直提及的老课题,互承结构也可作为仿生建筑结构却是近现代时期的一个新的视角。人类社会从蒙昧时代进入文明时代就是在模仿自然和适应自然界规律的基础上不断发展起来的。各个学科不断碰撞交融产生新的交叉学科,建筑亦是如此。

从古至今,人们的居住环境从洞穴到各类建筑无一不留下了模仿自然的痕迹。但是,随着工业化的高速发展,非线性的建筑形式越来越受青睐,这就意味着仿生建筑必须要有新的突破才能更好地适应日益变化的建筑大环境。

二、互承结构

互承结构是古老而又新颖的存在。古老是因为虽然没有对于互承结构详细的资料分析,但还是有学者探究到早在1255年—1250年间,就发现了维拉尔·德·奥内库尔(Villard de Honnecourt)手稿中设计过一种平面互承结构。文艺复兴时期中也发现了出自文学巨匠之手的多重互承结构手稿。甚至有人提出其应用最早可以追溯到新石器时代,爱斯基摩人与印第安人居所所使用的帐篷结构。在国内,更有学者研究称《清明上河图》中的"虹桥"就是中国古代最早出现的互承式结构。知名的桥梁专家唐寰澄对虹桥的力学特性及设计构造进行深入研究,也证实早期主要分布在我国浙闽山区的虹桥就是一种互承结构。新颖则是因为互承结构的应用虽然由来已久,但是却不曾被连续的规模的发展。它的复杂结构特性及不够了解的神秘性还是被外界认为是种新颖的结构形式。20世纪80年代,格兰汉姆·布朗(Graham

Brown)正式提出了互承结构(reciprocal frame structure)的术语。他把互承结构定义为可以用作屋顶的风车形结构形式，其构件串联成一个封闭的循环阵列从而组成能够覆盖一片圆形区域的形式。

随着研究人员不断对互承结构的探索与完善，互承结构按照自身的空间形式可分为一维、二维和三维。一维互承结构就是类似于"虹桥"的结构形式，即基本单元的一维延伸。二维互承结构是将基本单元扩展到二维曲面形成一片能够覆盖二维的自承重的结构。三维互承结构则是指能够在一个三维空间内支撑起一个以互承结构为主体的空间区域。

设计实践并没有想象中顺利，因为学术的研究和重视并没有将"互承式结构"落于实处。资料的匮乏让研究几次陷入停滞的状态。以互承结构而存在的建筑形式在我国更是罕见。"互承式结构"在建筑和设计领域上不可替代的意义，并没有帮助它发挥出真正的功效。

或许在一开始"互承式结构"陈旧的理念并没有一定的吸引力，有太多的原因让它不能展示其真正耀眼的一面。现如今它已经被初步挖掘，大量关于互承结构的小模型和中小规模的设计成品出现在各个高校的美术馆展馆。原本一个个平平无奇的插件，在不断排列重组有序的变换展现了互承结构机械又富含韵律的美。在工业不断推进以代替人工的时代，这种单一有序的构件制作也会越来越方便，人工成本也会随之大大削减。今后的节能建设和成本建设必定成为建筑界的主流，"互承式结构"有它成为结构主流之一的理由。

但是，"互承式结构"也存在着它必须面对的缺陷和不足。单个构件制作虽然方便，其用量却大，插接件的距离决定该建筑物整体的形式。所以在每个插件互相受力的运算上需要极大的时间，而且不容差错。这也是现在中小型规模的成品和小件会有很多，大型建造很少的主要原因之一。单个构件的形式及材质是极其重要的。

三、仿生建筑与互承结构的交汇融合

生物的骨骼亦可以当作"互承式结构"，同时又符合仿生建筑的类别。与其说仿生建筑与互承结构交汇融合，不如说互承结构就应当归属于仿生建筑的类别之中。互承结构是由一个单一的插件组合生成，其原理就是自然界中动物骨骼简化重组而达到自然支撑自成体系的结果。不管对单个支撑件的研究还是最后整个结构的形态都符合仿生建筑学的分类。因此想要做好互承结构的研究就需从仿生建筑学里去追溯其本源。在前期搜集资料的过程中研究归纳了很多知名建筑设计师具有代表性的仿生建筑作品。例如：德国以蝴蝶为原型的不莱梅高层公寓；卡拉特拉瓦于1992

年——1995年设计的位于西班牙的特内利非展览厅,就是对鸟的模仿;北京的鸟巢体育馆,印度的莲花寺,芝加哥的螺旋塔等这些全是由对自然界的仿生灵感而诞生的建筑。

四、互承结构在实际生活中的应用

互承结构单一的构件组成及其有韵律的形态展现多用于公共艺术中的大型搭建类构筑物设计。通过外部形态的形式与内部结构或者内部空间结构结合,表现出设计师希望观众们探索发现其中的内涵关系。而一个完整的构筑物设计其中包含该艺术作品所在的场地与实现搭建的材料,艺术家所想表达的情感及受众的直接感受与体验。

构筑物设计最首要的任务是让观众接触构筑物、融入构筑物环境。观众的介入和参与搭建构筑物不可分割。通过场地的布置,通常的动线,可以让观众自发的参与其中,自由方便的进出和通行,或者在空间有一定容量的情况下展开适当的活动。这就与互承结构达到了一种契合。

艺术分类之间是无边界的,很多设计分类都是交汇融合的。文章主要是通过对仿生学的概念研究,仿生学对建筑形态影响的环境下探索互承结构的空间表达。通过参数化的方式把仿生学与二维互承结合形成不再是单一单元件构件而成的空间构造方式,而是更复杂和多元的形式展现。不足之处就是对于材质方面的探索略显单薄,什么样的材质才最适用于互承结构的实现,希望后期可以在建筑形态更加丰富的基础上适用于更多变的材质,达到对互承结构更深层次的研究。

第五节 生态结构仿生设计

如今,社会在蓬勃发展,人们早已不再满足于吃饱穿暖的阶段,对物质和审美的需求日渐高涨,建筑的意义不再只是单纯的遮风挡雨,同时还得兼具美观与实用价值。因此,结构仿生在大跨度建筑设计中的重要性不言而喻。本节首先从结构仿生和大跨度建筑设计两方面入手,通过查阅整理,对结构仿生的概念、结构仿生的发展和结构仿生的科学基础理论进行系统的研究,总结出结构仿生的方法和应用特征。然后概括大跨度建筑的结构设计特点,结合相应的案例进行分析,最后得出结论,并就这一结论对结构仿生在大跨度建组设计中的应用提出改进意见。

一、结构仿生

(一)结构仿生的概念

了解结构仿生的概念,首先要先了解仿生学的概念。仿生学一词是由美国斯蒂尔根据拉丁文"bios（生命方式的意思）"和字尾"nlc（'具有……的性质'的意思）"构成的。斯蒂尔在1960年提出仿生学概念，到1961年才开始得以使用。他指出"某些生物具有的功能迄今比任何人工制造的机械都优越得多，仿生学就是要在工程上实现并有效地应用生物功能的一门学科"。结构仿生（Bionic Structure）是通过研究生物肌体的构造，建造类似生物体或其中一部分的机械装置，通过结构相似实现功能相近。结构仿生中分为，蜂巢结构、肌理结构、减粘降阻结构和骨架结构四种结构类型。

而本节研究的结构仿生建筑则是以生物界某些生物体功能组织和形象构成规律为蓝本，寻找自然界中存在许久的、科学合理的建筑模式，并将这些研究结果运用到人类社会中，确保在建筑体态结构以及建筑功能布局合理的基础上，又能做到美观实用。

（二）结构仿生的发展

仿生学的提出虽然不算早，但是它的发展大概可以追溯到人类文明早期，早在公元8000多年前，就有了仿生的出现。人类文明的形成过程有许多对仿生学的应用，例如，在石器时代就有用大型动物的骨头作为支架，动物的皮毛做外围避寒而用的简易屋棚。这就是最早一动物本身为仿生对象的结构仿生。只是那时候的仿生只是简单停留在非常原始的阶段，由于生存环境的恶劣，人类只能模仿周围的动物或者从自然界已有的事物中获取技巧，以此保证基本的生存。因此，从古代起，人们已经在不知不觉中学习了仿生学，并加以利用。

随着现代科学技术的不断进步，仿生学的概念也被不断完善和改进，逐步形成系统的仿生学体系。实质上看，仿生学的产生是人类主动学习意识下的产物。它带给人类带来了创新的理念与学以致用的方法。使人类以不同的视角看世界，发现未曾未发现的事物，实现科学技术的原始创新，这是其他科学不具备的先天优势。

从古至今，人类一直在探索自然中的奥秘，自然界是人类各种技术思想、工程原理及重大发明的源泉，为人类的进步提供灵感和依据。20世纪60年代，仿生学应运而生，仿生学一直是人类研究的热门，仿生方法也一直为各个行业，各个领域所用。在仿生学的影响下，各类仿生建筑层出不穷。本节在研究仿生建筑外观、结构、性能的基础上对仿生方法进行了归纳；分析了建筑结构设计领域，仿生方法的应用现状；对大数据时代仿生建筑的发展做了展望。

1960年，美国的J.E.Steel提出"仿生学"的概念，自此之后人类自觉的地把生物界作为各种技术思想，设计原理、发明创造的源泉。至今仿生学已经有了长足进步，生物功能不断地与尖端技术融合，应用于各个领域，仿生方法在建筑结构设计中的应用颇为广泛。

二、建筑结构设计中仿生方法应用现状

（一）建筑外观仿生

建筑外观形态仿生历史悠久、原理简单。公元前250年的埃及卡夫拉金字塔旁的狮身人面雕像可谓外观仿生的雏形。随着社会生产力的进步，外观仿生在建筑设计中应用越来越多。17世纪80年代，在哥本哈根，"我们的救世主"教堂尖顶的外形模仿了螺旋状的贝壳；1967年，英国圣公会国际学生俱乐部的螺旋形附楼采用的楼梯，恰似DNA分子的螺旋状结构。而今，外观仿生方法在世界各地的建筑中均有应用，国家体育场"鸟巢"是从表达体育场的本原状态出发，通过分析和提炼，采用外观仿生方法得到的艺术性结果。它之所以得名"鸟巢"是因为它的外观模仿了鸟类的巢穴，鸟类的巢一般都是用干草，干树枝等搭建而成，取材于自然，不经加工，干草、树枝的尺寸大小各异、参差不齐，而"鸟巢"正是采用的异型钢结构，其中各个杆件的外形尺寸均不相同，当然这也给设计和施工带来了许多困难，制造和施工工艺要求极高，但不可否认的是"鸟巢"不仅为奥运会开闭幕式、田径比赛等提供了场地，后奥运时代也成为北京体育娱乐活动的大型专业场所。

外观仿生是设计师通过对自然的观察，在模拟自然外部形态的基础上进行建筑创作。外观仿生方法主要得益于自然的美学形态，自然界的美我们只领略了一部分，在不久的将来，将会有更多模拟自然外形的优秀建筑落成。

（二）建筑材料仿生

所谓建筑材料仿生，是人类受生物启发，在研究生物特性的基础上开发出适应需求的建材，早在北宋年间，我国第一座跨海大桥—泉州洛阳桥（万安桥）建造时，工匠们在桥下养殖牡蛎，巧用"蛎房"联结桥墩和桥基中的条石，这在世界桥梁史中是首例，也是建筑材料仿生的先驱。在当代建筑材料研发中，许多灵感都源自生物界。蜜蜂建造的蜂巢，属于薄壁轻质结构，强度较高，这正是建筑材料研发希望达到的效果，蜂窝板就是研究蜂巢特点的基础上出现的。蜂窝板为正六边形，是一种耗材少而组织结构稳定的板材，由此衍生出的石材蜂窝板，将蜂窝结构和石材配合使用，达到传统石材板同等强度只需耗用一半的石材原料。受蜂巢启发，还研制出了加气混凝土、泡沫混凝土、微孔砖、微孔空心砖等新型建材，这些材料不仅质轻，还具有隔音、保温、抗渗、环保等诸多优点。材料仿生除了使建筑材料具备更强的基本功能外，还

能够实现或部分实现动物的功能,例如骨的自我修复功能,骨折后,骨折端血肿逐渐演进成纤维组织,使骨折端初步连接形成骨痂、最终完成骨折处自我修复。人们从骨的自我修复功能中得到启示,现已经研究出混凝土裂缝修复技术。还有学者提出了智能混凝土的概念,所谓智能混凝土是在混凝土原有组分基础上复合智能型组分,使混凝土成为具有自感知和记忆,自适应,自修复特性的多功能材料。

(三)建筑结构仿生

建筑结构仿生,是在研究生物体结构构造的基础上,优化建筑物的力学性能和结构体系。建筑的结构仿生可以追溯到公元前8000年前的旧石器时代,那时人们已经在居住地使用动物皮毛和骨头作为结构,乌克兰用猛犸骨建造了无盖的棚屋。而今,结构仿生建筑已经遍布世界各地,1851年英国世博会展览馆"水晶宫"的设计理念即源自南美洲亚马逊河流域生长的王莲,王莲叶子背面粗细不同的叶脉相交足以支撑直径达2米的叶片。"水晶宫"以钢铁模拟叶脉作为整个结构的骨架支撑玻璃屋顶和玻璃幕墙,轻质且雄伟。相比水晶宫,薄壳结构的设计灵感则是源自日常能见到的鸡蛋,薄壳结构荷载均匀地分散在整个壳体,结构用料少,跨度大,坚固耐用。许多世界著名建筑都采用了薄壳结构,众所周知的人民大会堂,偌大的空间里没有一根柱子作为支撑,充分发挥了薄壳结构的优势;悉尼歌剧院的帆状壳片、中国国家大剧院的穹顶都采用了薄壳结构。除上述结构外,还有些生物结构被建筑物采用,如北京奥运会游泳场馆水立方,内部采用钢结构骨架,外部用了世界上最大的膜结构(ETFE材料),水立方的主体结构被称为"多面体异型钢结构",这在世界上是首创。

(四)建筑功能仿生

建筑功能仿生是学习借鉴自然界生物所具有的生命结构、生命活动以及对环境的适应性等方面的优良特性来改善建筑功能设计的方法。建筑功能仿生方法应用实例不胜枚举,如双层幕墙作为建筑物的外表模拟皮肤的"保护、呼吸"等功能;城市中的给排水系统模拟生物体的体液循环系统。受生态系统的启发,设计师根据建筑物所在地的自然生态环境,通过生态学原理、建筑技术手段合理组织建筑物与其他因素之间的关系,使人、建筑与自然生态环境之间形成一个良性循环系统,此即为生态建筑。马来西亚米那亚大厦、大别山庄度假村、德国的"三升房"、奥尔良的"诺亚"等都属于此类建筑。源自植物叶片绕枝干旋转分布的灵感,荷兰鹿特丹的"城市仙人掌"为每位公寓住户提供了悬挑的绿色户外空间,住户可以在享受阳光的同时感受大自然的生机。现在清华大学又提出了第四代住房的设计,第四代住房集以往所有住房的优点于一身,将生活空间、生态植物、生活设施皆融于建筑物中,是真正的空中庭院,这必将是功能仿生史上的一大力作。

三、大跨度建筑

(一)大跨度建筑结构设计特点

所谓大跨度建筑,就是横向跨越60米以上空间的各类结构形式的建筑。而大跨度建筑这种结构多用于影剧院、体育馆、博物馆、跨江河大桥、航空候机大厅及生活中其他大型公共建筑,工业建筑中的大跨度厂房、汽车装配车间和大型仓库等等。大跨度建筑又分为:悬索结构、折板结构、网架结构、充气结构、篷帐张力结构、壳体结构等。

当今大跨度建筑除了用于方便日常生活外,更多作用是作为是一个地方的地标性建筑。这就需要在建筑结构上要能展现本地的特色,但又不能过分追求标新立异。大跨度建筑因为建筑面值过大,耗时较长,除了对结构技术有更高的要求外,也需要设计师对建筑造型的优劣做出准确的定位。大跨度建筑也需要同时兼备多种功能,如2008年为北京奥运会的各个场馆的建设,除了需要体现不同的地域特色外,还要考虑到今后的实用性。以五棵松体育馆为例,它在赛后的实用性就大大的高于其他各馆。

(二)大跨度仿生建筑结构案例分析

在了解了大跨度建筑结构的设计特点外,我们用实际例子来具体分析一下。萨里宁(EeroSaarinen)于1958年所做的美国耶鲁大学冰球馆形如海龟,1961年设计的纽约环球航空公司航站楼状如展翅高飞的大鸟,让旅客在楼内仿佛能够感受到翱翔的快乐。这些都是举世瞩目的例子。

在1964年丹下健三在东京建造的奥运会游泳馆与球类比赛馆,模仿贝壳形状,利用悬索结构,使它们的功能、结构与外形达到有机契合,令人眼前一亮,继而成为建筑艺术史上不可多得的优秀作品。另一位设计师——赖特,他是一位将自然与生活有机结合的建筑师。1944年他设计建造的威斯康星州雅可布斯别墅,就是将菌类作为设计灵感,把住宅仿照地面菌菇类植物进行搭建,给人以与自然融合在一起的感觉。此外,又如萨巴在1975-1987年建成的印度德里的母亲庙则是犹如一朵荷花的造型,它借荷花的出淤泥而不染来表达母亲圣洁的形象,因此成为印度标志性的建筑。

在国内,大跨度仿生结构的案例有很多,最具有代表性的要数国家大剧院。国家大剧院外观形似蛋壳,所有的入口都在水下,行人需通过水下通道进入演出大厅。这种设计符合剧院的庄严感同时又兼具了美观与时尚感。除此之外,武汉新能源研究大楼也是大跨度仿生结构的经典案例。它由荷兰荷隆美设计集团公司和上海现代设计集团公司联合设计,该院负责人说,"马蹄莲花朵是该楼设计的自然灵感之源。"大楼主塔楼高128米,宛如一朵盛开的马蹄莲,它显示着"武汉新能源之花"的美好寓意和秉持绿色发展、可持续发展的理念。

由此可见,我们不难看出结构仿生在大跨度建筑设计中具有优势。国内外无数的成功案例说明,结构仿生模式在大跨度建筑设计中还有很大的发展空间。要充分利用这一优势,将越来越多的结构仿生运用到大跨度建筑当中去,将艺术与生活结合在一起,设计出更多兼具审美与实用兼顾的建筑物。虽然结构仿生建筑设计方面的研究颇多,但是结构仿生建筑设计的系统仍然不够完善。并且生物界与我们的社会还是存在一定的差距,有很多的仿生结构虽然很理想,可是真正利用到人类社会中还是存在诸多不利因素。不过我相信,随着科学与社会的不断进步,人类与自然生物的不断接触和探索,结构仿生在大跨度建筑设计中一定会有更为广阔的发展空间与发展前景。

四、在大跨度的建筑设计中结构仿生的表征

(一)形态设计

结构仿生有着多样性、高效性、创新性等特点,能够满足建筑形态对于设计的要求,是形态进行设计的一个选择。例如在里昂的机场和火车站就属于一个例子。各种建筑构件和生物原型有着一定的并且相似性,并且通过材料与形态的变化,起到引导人群的作用,把旅行变成了一种令人难忘的体验。

(二)结构设计

因为大跨度的建筑设计,其跨度比较大,空间的形态较为多变,通常需要使用到许多的结构形式,因此,结构设计在大型的公共建筑设计中属于重要的部分,其在很大程度上决定了建筑设计的效果。对于大自然的结构形态进行研究,是满足建筑结构设计的有效途径。将微生物、动植物、人类自身作为原型,能够对于系统结构性质进行分析,借鉴多种不同的材料组合以及截面的变化,使用结构仿生的原理,对于建筑工程结构支撑件做仿生方面的设计,能够对于功能、结构、材料进行优化配置,可以有效地提高建筑施工结构的效率,降低工程施工的成本,对于大跨度建筑有着十分重要的作用。

（三）节能设计

结构仿生方法指的是通过模拟不同生物体控制能量输出输入的手段，对于建筑能量状况进行有效的控制。和生物类似，建筑可以有效适应环境，顺应环境自身的生态系统，起到节能减耗的效果。充分地开发并且利用自身环境中的自然资源，例如风能、地热、太阳能、生物能等，形成有效的自然系统，获得通风、供热、制冷、照明，在最大程度上减少人工的设施。使其具备自我调节、自我诊断、自我保护或维护、自我修复、形状确定、自动开关等功能。和这个类似，建筑也能够有着生命体的调整、感知、控制的功能，精确适应建筑结构外界环境与内部状态的变化。建筑应该有反馈功能、信息积累功能、信息识别功能、响应性、预见性、自我维修功能、自我诊断功能、自动适应以及自动动态平衡功能等，有效进行自我调节，主动顺应环境的变化，起到节能减耗的效果。

五、结构仿生在大跨度建筑设计中的设计手段

（一）图纸表达

1. 构思草图

建筑师进行建筑设计创作的时候，大多是从草图构思开始，构思草图指的是建筑师受到创作意念的驱动作用，将平日知识和经验积累进行相互的结合，把复杂关系不断抽象化，简约成为有关的建筑知识，草图构思指的是建筑师需要脑眼手相互协作，是建筑师集中体现创新的形式，因为仿生建筑的形体比较灵活，在开始构思草图中起着十分重要的作用。

2. 设计图纸

设计图纸指的是建筑师用来表达设计效果的一个常规工具，但在其中，也存在着一些比较有创意的手法，用来表现有效的设计思想，和以往的表达方法不一样，现代表现方法中使用到的透视图或者轴测图一般是和实体联结方式、大量的空间以及构造、结构、设备的分析图一起使用的。

（二）模型研究

模型设计在方案构思阶段属于不可缺少的一项工具，它自身的直观性、真实性和可体验性能够有效弥补在三维表达上图示语言存在的不足，模型研究对于建筑结构的形态以及各个细部处理有着十分重要的作用，模型能够给人们带来十分直观的体验，从各个视角去感受到设计的空间、设计的体量和设计的形态，能够帮助人们比较

全面地进行设计评估,避免设计存在的不确定性,与此同时,模型有着到位的细节设计和准确的形态比例关系,能够方便和客户进行交流沟通工作。

(三)计算机模拟

现今,以计算机作为核心的信息技术在很大程度上增加了建筑师的创造能力,并且推动了计算机的图形学技术发展,人们能够在计算机模拟的虚拟环境内有效地落实头脑中所呈现的建造活动,这属于虚拟建造,动态的、逼真的模拟真实的情境,是计算机模拟的优势。

在建筑中仿生手段有着比较久的发展历史,但是仿生建筑的概念提出的时间却不长。在建筑仿生学中,结构仿生属于主要的一个研究内容,并且在大跨度的建筑中得到了有效的应用,取得了一定的进展,但与此同时,不可避免产生了一些问题,参考在以往建筑发展中出现的教训经验,相关人员在面临建筑结构仿生的应用时,需要进行理性的准确的评判,只有通过这种方式,才可以使结构仿生更好的被使用在建筑领悟中,才能够更好地促进建筑行业的发展。

六、结构仿生方法的应用

现阶段,结构仿生应用主要体现在三个方面,包含了仿生材料的研究、仿生结构的设计以及仿生系统的开发。

(一)仿生材料的研究

仿生材料的研究在结构仿生中属于一个重要的分支,指的是从微观的角度上对于生物材料自身的结构特点、构造存在的关系进行研究,从而研发相似的或者优于生物材料的办法。仿生材料的研究可以给人们提供具有生物材料自身优秀性质的材料。因为在建筑领域,对于材料的强度、密度、刚度等方面有着比较高的要求,而仿生材料满足了这种要求,因此,仿生材料的研究成果在建筑领域也得到了广泛的应用。现今,加气混凝土、泡沫塑料、泡沫混凝土、泡沫玻璃、泡沫橡胶等内部有气泡的呈现蜂窝状的建筑材料已经在建筑领域大量使用,不到使建筑结构变得更加简单美观,还能够起到很好的保温隔热的效果,并且成本比较低,有利于推广应用。

(二)仿生结构的设计

仿生结构的设计指的是将生物和其栖居物作为研究原型,通过对于结构体系进行有效的分析,给设计结构提供一个合理的外形参照。通过分析具体的结构性质,把其应用在建筑施工设计中,可以提出合理并且多样的建筑结构形式。建筑对于结构有着各种不同的要求,例如建筑跨度、建筑强度、建筑形态等。仿生结构自身具有结构受力性能较好、形态多样并且美观等特点,因此,在建筑领域得到了比较广泛的应用。在大跨度的建筑中,使用的网壳结构、拱结构、充气结构、索膜结构等,都属于仿生结构设计的良好示范。

(三) 仿生系统开发

仿生系统的开发是把生物系统作为原型,对于原型系统内部不同因素的组合规律进行研究,在理论的帮助下,开发各种不同的人造系统。仿生系统开发重点在如何处理好各个子系统与各个因素间的关系,使其可以并行,并且能够相互促进。建筑属于高度集成的一个系统。伴随建筑行业的不断发展,生态建筑将会不断兴起,在建筑中涵盖的子系统也会越来越多,例如能耗控制系统等,系统的集成度也会越来越高。仿生系统有效良好的整合优势,因此,其在建筑领域的使用的前景十分广阔。

七、国外仿生设计的应用

国外建筑设计人员对仿生设计理念的应用时间非常长久,通常情况下,国外都将融入这种理念的建筑称之为有机建筑,其设计的原则也主要是建筑与周围环境的有机结合,这也正是将称之为有机建筑的重要原因。流水别墅是运用仿生理念的最典型的建筑,设计人员运用仿生理念,将其设计为方山之宅,给人一种大自然自己打造的房屋的感觉,因此其设计方法就是运用楼板与山体自然的结合,在具体施工时根据建筑整体来选择所需要的建筑材料,仿生设计与普通的建筑设计相比,其对建筑设计人员的要求更高,而这种流水别墅的设计则有更加严格的要求,尤其是突出体现出建筑艺术美感,而且要保证这种美感不能脱离实际。从上述中,我们能够明显得知道,流水别墅是一个非常具有超越性的设计,该设计将建筑结构与周围环境之间的融合达到最佳的切合点,从而给人一种自然美与艺术美。居住舒畅,身心放松,浑然天成,这是流水别墅给居住者切实的感受。

目前国家建筑设计人员越来越多应用仿生设计理念,运用原始自然环境中所拥有的物质进行设计,将自然中天然的美感融入建筑设计中,使建筑具有大自然的气息。最为重要的是,国外建筑设计人员之所以大量的使用这种建筑设计理念,主要是因为这种设计理念比较自由,主要是看设计人员对自然的理解,对美的追求,而且设计人员完全可以按照自己的感情来设计,其约束力比较少。比如有些建筑设计人员比较喜欢动物,其设计的建筑往往类似于某种动物,尤其是动物中某些细节部分,比如纹理等。

八、我国建筑结构的仿生设计

我们就以我国园林设计为例，其特点是动静结合，动中有静，静中有动。用色淡雅，朴实，与自然景观相互融合，既不显建筑的单调，又极好地烘托了主题。同时，苏州园林体现了古人对天时，地利，人和的追求。把山、水、树完美地融入他们的生活之中，增加了许多生活情趣。中国古人的园林建筑，讲求一步一景，步步为景，一景多观，百看不厌。因此，中国的苏州园林，讲究心境和自然的统一，互为寄托，即古人所讲的"造境"——有造境，有写境，然二者颇难分别。山川草木，造化自然，此实境也。因心造境，以手运心，此虚境也。虚而为实，是在笔墨有无间，故古人笔墨具此山苍树秀，水活百润。于天地之外，别有一种灵寄。或率意挥洒，亦皆炼金成液，弃滓存精，曲尽蹈虚揭影之妙。

此外，中国的民居建筑和村落也很受国外人士的欢迎。来中国旅游的客人，大都选择住在四合式的小旅社，而不是高级宾馆。不仅是外国人，中国人也越来越重视人与自然的结合。在已批准实施的《中国21世纪议程》中，就将"改善人类居住环境"列入重点内容。强调"森林资源的培育、保护和管理以及可持续发展"和"生物多样性保护"。可见，在人类意识到其重要性后，仿生建筑的概念将逐步深入人心。用仿生学的原理进行城市规划和设计是中国古代传统地理在城市选址、规划、布局和建设的一大特色。中国古代传统讲求天文，地理和人文的相互结合，故而产生了青龙、朱雀、白虎、玄武之说。古代人根据这些条件，创造了许多优秀的建筑。这些环境设计上精心营造"天人合一"意境，刻意体现园林化情调"天人合一"意境和园林化情调，是徽派古民居环境设计中刻意追求的特色和目标。

除了这些，还有很多这样能体现本国个性的建筑。而这些建筑，均不是凭空产生，而是建筑师们的精心设计。所谓"设计"，是指在建筑物的外形，色彩，材质等方面的改革，使之更能吸引人们的眼球，间接增加它的物质利益。当今建筑，从低空间到高空间，从色彩单一的白墙黑瓦到各种色调的钢筋混凝土，其风格受西方影响越来越显示出现代色彩，国际建筑风格趋于统一，地域特色逐渐变得不明显。为了使本地的建筑有地方特色，成为地方标志性建筑，建筑师们通常仿照一些物品使人们对其印象深刻。虽说现代城市建筑所用建材及造型相差无几，但每个国家都有它独特的建筑风格，即国家个性。只有反映国家个性的建筑才能流传至今，为后人树立典范。

九、仿生建筑的发展展望

仿生方法在当代建筑结构设计中的应用日趋成熟，在仿生理念的影响下，各类仿生建筑不断涌现。大数据时代，能够对海量数据进行存储和分析，许多信息实现共享，更多的自然生物数据可以为建筑结构设计所用。例如，可以提取人体皮肤特性数据，开发像皮肤一样能感知温度变化、保温、透气，能随着外界气候条件的变化自我调节的智能化建筑材料。在进行房屋结构设计时，提取医学数据中人体受外力时神经系统、肌肉系统为保持稳定做出反应和发出指令的相关数据，用于研究建筑物的应激反应系统，该系统应包括感应模块、分析模块和防御模块。建筑物受到外部作用时，感应模块将收集到的数据传送给分析模块分析提炼后，向防御模块发出指令，启动防御模块抵御外部作用，保证建筑物自身的稳定性。建筑物的应激反应系统将是综合运用外观仿生、材料仿生和结构仿生的基础上进行的强大功能仿生。我们有理由相信，在大数据环境下，未来的建筑将会成为能呼吸、能生长、能进行新陈代谢、具有应激性的"生物体"。

第六节　生态能源利用和材料仿生设计

一、能源利用仿生设计

植物的光合作用是最显著的太阳能运用范例，产生植物所需的营养成分，吸收CO_2、释放O_2，优化了环境质量。太阳能是地球生物生存能量的最重要来源。这一能量储量充沛，绿色环保，太阳能在建筑上的利用是可持续发展研究的重要篇章。除了直接利用太阳能外，风能、潮汐能均是太阳能的不同表现形式和转化，也应当扩大研究范围加以运用。

（一）直接利用太阳能

植物对太阳能的高效吸收体现了它是一种利用太阳能的优势结构，植物茎干与叶冠部分结合形成哑铃形态，利用最小的占地面积获得了适度体积的地上部分，得到大面积阳光。我们可以模仿植物这种结构特征进行建筑构思和设计。采用哑铃结构，建筑占地少，获得大面积有阳光的屋顶，可供太阳能电池搜集转化为其他能量形式，这一形式适用于低层建筑。夹竹桃的"叶镶嵌"生长形态则提供了高层太阳能建筑的参考方式。所谓"叶镶嵌"指的是夹竹桃同一枝干上的叶片互相错位生长，彼此不互相遮盖，使得所有的地上部分都能接受阳光。"叶镶嵌"式建筑就是模拟这一形态的建筑思维，太阳光可穿过上层居住体之间的空隙照射下层居住体的地面，使各户的太阳能家庭发电成为可能，与低层的太阳能建筑相比，这种形式具有更高的太阳能利用率和土地利用率。

（二）间接利用太阳能

动物没有植物的光合作用作为直接利用太阳能的方式，却通过筑巢等特有的方式间接利用太阳能，这又可称为被动式太阳能利用，白蚁巢就是很典型的例子。澳大利亚和非洲白蚁建造了一米多高的蚁巢而成为最大的非人工构筑物，蚁巢具有坚固厚重的外墙抵御外部潮气和热空气侵袭，且还具有冷却系统，管道遍布整个蚁巢，蚁巢墙遍布通气小孔与外界进行热交换，白蚁实际上居住在蚁巢的底部，此处离地表有一定深度，有较为稳定的温度。上方高耸的蚁巢塔是实现被动式通风降温的主要部分，称之为驱走热气的"肺"，其中有很多竖向的通风道。在白蚁窝的中央有空气流动管道。"肺"的作用除了维持一定的空气进出口高差外，还可以产生热压作用，实现巢内外空气的交换。在炎热的气候条件下，外面的空气由于受"肺"的抽吸作用，从地表通道口进入，经地层冷却后进入白蚁居住处，带走蚁巢内的热量和废气，然后从"肺"的顶部排出。另外，地下室4的地方始终储有冷空气，其下有供白蚁饮用和用于降温的地下水。澳大利亚白蚁巢"肺"的主要立面朝东西向，无论是上午还是下午都能受到太阳辐射的加热作用，从而使"肺"部维持较高温度，加大进出风口温差。白蚁常在晚上外出觅食，非常干热时会挖井 30~40m 寻找水源。除了生存饮用外，井水为蚁巢的空气起到冷却作用。正是有这样一套运行良好的被动式系统，才使多达300万的白蚁共居一巢。

由伦敦 Short & Associates 设计的马耳他啤酒厂是一个模仿非洲白蚁巢间接利用太阳能的实例。当地八月气温高达 38~~40℃，啤酒厂需要 24 小时空调系统的运作，全人工采光防止室外热空气通过洞口传热，降低室温以满足啤酒 7℃ 发酵的要求，但因为酒厂冷却系统开启的巨大能耗而导致整座城市的灯光非常黯淡，设计师通过设置双层墙解决这个矛盾，利用内外墙之间夹层空隙来调节自然光及气流，并在室内外温差大时形成热压通风，将热气由屋顶排出，外墙和内墙间的空气层形成缓冲区，保持内部空气温度的相对恒定。

美籍华人建筑师尤金·崔综合他多年来对自然界的研究成果提出的终极塔楼的构思也来源于对白蚁巢的模仿。根据他的设想，该塔楼高达 32km，宽 16km，喇叭形的建筑造型模仿某种能够根据天气选择朝向的白蚁巢。设计师认为具有张力的喇叭形高层建筑结构最稳定并且最符合空气动力学原理。如同白蚁巢，该高层坐落于一个大湖中，湖水是楼内空气的冷却剂，另一部分湖水用大型的太阳能板进行加热并通过重力让热水自顶楼往下供应。该结构本身就是一个活的有机体，带有风和大气能量转化系统、室外光电覆盖物、室外空气能自由出入的通风窗户。南立面多开口，以引入阳光；北立面少开口，以减弱北风侵袭和阳光辐射；中心核是一个张力／压力脊柱式结构，高32km，由最轻的合金和不锈钢构成。在脊柱式结构中，有一垂直的火车隧道、设备井和给排水管道。

土拨鼠的地下巢穴通风是另一个被动利用太阳能的例子。巢穴出入口做成火山口状的土堆，遍布于开阔的草原，自然通风就由这些洞口完成。根据帕努里定律，水平移动的流体其压力随速度的减少而降低，草原上的空气运动时，近地面由于摩擦力的存在，风速减小而低于稍高处的空气速度，产生的压力差遇到洞口时将空气压入洞内，再由另一个出入口出来，完成巢穴内的气流交换，即使是0.46m/s的微风也能在10分钟内对其地下巢穴完成换气过程。这提供了我们一种思路，地下建筑设置2个以上出入口，利用建筑本身的高差产生的风压差实现地下建筑通风，改善目前通风不利、空气不佳的状况。

二、仿生材料在现代园林设计中的应用

生物经过亿万年的进化过程，为了适应环境的变化而不断完善自身的结构组织与机能，从而得到了性能高超、组织结构完善，身体机能良好的保障系统，从而在大自然中生存下来。生活在自然界的人类与其他生物是好朋友，人类看着自然界形形色色的生物具有这样或那样的本领，就开始想象和模仿他们，从而出现了仿生学，进而出现了仿生材料。

人们研究仿生学是为了从生物本身出发，借助由自然界生物引发的灵感进行模仿和创新，以便于自然和谐相处，共同发展。

从自然中寻找仿生材料和设计理念也是现代园林设计中的重点内容，其主要包括两方面的内容：淤园林建筑仿生，它是通过研究生物界许许多多生物体的组织结构和性能，并将研究成果用于仿生材料创作，从而解决现代园林设计中仿生材料的问题。于环境的仿生，它是人与自然相联系的场所。

（一）仿生材料的概念

仿生材料是指根据生物本身的组织结构和性能研制的材料。在仿生学上，常常把根据生命系统组织结构和性能而设计制造的人工材料称为仿生材料。

仿生材料学是仿生学的一个分支，它是从微观世界的角度研究生物材料的组织结构和性能关系，从而研究出和原生物材料一样或者超出原生物材料的一门学科，他是众多学科的交叉部分。

仿生设计不但要模仿生物的结构而且要模仿生物的功能。把材料学、生物学、仿

生学结合起来，对于促进仿生材料的发展具有重要意义。生物自然进化让生物材料具有最合理的结构，并且具有自我适应的能力。

（二）仿生材料在现代园林设计中的应用

在现代园林设计中，设计者通过对自然界中各种生物的结构、形态、性能等方面的不断研究，让一种新的材料开始出现在当今社会中——仿生材料。

设计师在进行现代园林设计过程中，常常通过一些模仿竹子、石头、木头等仿生材料的应用，不但使得材料所具备的功能性被有效利用，而且使园林风格的整体性与多样性被全面地体现出来，比如，在中国的传统园林中，常常在水泥中加入一些瓷瓦碎石，从而使他们组成不同风格的花纹图案来呼应园林景观，并丰富园林景观的文化内涵，有些动植物的形象被赋予各种寓意：鲤鱼跳龙门象征着仕途通畅，桂花象征和平友好，菊花被人看作坚忍不拔的化身，荷花出淤泥而不染象征了纯洁高尚，竹子以其中空有节的特性常被用来比喻虚心好学和高风亮节的优秀品质，梧桐象征了高洁，亦有高士隐居之意等。近现代随着材料工艺的发展，常会通过对动植物形态的模仿而设计出马赛克等园林装饰。

1. 功能仿生材料

同人体一样，自然界中的生物也需要通过对肌体的调动来完成自身整个系统的新陈代谢工作和各项运动，当生物具有的这种功能被设计师参考应用到仿生设计中时，便创造出功能方面的仿生设计。与其他方面的仿生设计相比，功能仿生属于一种相对来讲比较高级的新型仿生形式，由于该形式涉及的仿生学与设计学方面的内容比较多，所以，设计师在对此项功能进行实际应用时，一定要全面且深刻地了解认识生命的活动原理。

此外，设计师还需要对自然界中各类型的生物作用进行了解，从规律的条件和本质两个方面进行仿生设计，从而使一些复杂的活动过程能够在有限的园林区域内被实现。譬如，对自然界水体进行自我净化的活动过程仿生，从而达到净化园林中的废水，使被破坏的水生系统可以被重建的目的；对自然界中某些由植被形成的群落进行仿生，从而使园林中的生态系统具有快速的自我恢复功能等。

2. 结构仿生材料

结构仿生材料是根据生物肌体的性能，模仿生物体或者其中一部分的材料。设计者从蜂巢上得到启发，根据蜂巢发明了蜂窝泡沫砖，这些蜂窝状材料，不仅隔热保温，而且结构轻质美观，在现代园林建筑设计中已经得到了广泛应用。下雨的时候，荷花的叶子比较干爽，这是由于在荷叶上有一层光滑且柔软的绒毛，它让荷叶虽然经过雨水打击但不会被打湿，与此同时，绒毛上承载着的水滴，可以迅速吸收荷叶上的灰尘颗粒，然后带着灰尘从荷叶上滚落下来，从而荷叶变得非常洁净。此种现象已经被广泛应用到一种带有自我清洁功能的涂料上。

在园林建筑设计中，最常使用的结构仿生是拉模结构，这一结构主要是人类受到了昆虫的翅膀在拉张的过程中产生的力学美的启发而创造出来的。而由德国当代著名景观设计师彼得·拉茨设计的并以其名字命名的花园，更是将仿生结构及空间设计理念注入其中：用"可俯瞰的恐龙""龙骨"形式作为花园的路，作为设计亮点的恐龙脊骨则是努力做到与真实的恐龙脊骨相像，并且恐龙脊骨内更是挖了圆形凹槽，既增加了空间，又增加了层次，使"龙骨"对于游人来说既可近处赏玩，又可远观其形。

3. 色彩和质感、图案仿生

在园林中对仿木、仿竹、仿石材料的运用，能给人朴实、自然的感觉，可缓解人们因工作而引起的疲劳与压力。

4. 化学成分仿生

园林设计中常用的材料贝壳，抗张强度高，它的成分很简单，分别是石灰石，蛋白质，两者粘结成坚不可摧的整体，不需要高温烧结。

5. 仿生材料在形态方面的应用

在此方面，我国的园林设计师主要从两个方面对形态仿生进行了有效的应用：①抽象式的形态仿生。园林规划设计中的此种仿生设计，是以自然界的生态环境为依据而逐渐地发展和衍生出来的仿生设计；正常情况下，此种仿生设计主要就是通过反应一些简单形体具有的本质特征来表现形态方式。此种仿生技术的应用，可以使园林的设计更加丰富，使得园林的景观更加优美。②具象式的形态仿生。此种仿生设计主要是通过将自然界中各类型生物具有的形态结构、颜色的搭配、以及生长的环境为基础进行设计。此种仿生技术的应用，可以将自然界中具有的和谐美有效地融入当前我国园林的规划设计中。

仿生材料在现代园林设计中的应用处处可见。园林的设计是人们与自然对话和融合的重要纽带，是实现人与自然环境的和谐相处的重要媒介。仿生材料作为园林设计的一种新手段、新方法、新思维在现代园林设计中扮演着越来越重要的作用，设计师通过仿生材料来表达自己对园林设计的理解，为人们解决人与自然和谐共处这一重要话题提供了有价值的思考。

总而言之，在自然界中，生物的种类、造型是多种多样的，颜色也是五彩斑斓的、各种生物结构也是千奇百怪的;大自然中的生物具有的此种特色,使其为负责园林规划设计的设计师们提供了十分丰富的灵感资源。将仿生材料设计技术应用到当前我国园林的规划和设计的工作中,不仅可以使建设完成的园林景观带有极高的亲切感,还能够实现人类与园林建筑同自然环境之间的和谐统一,使园林规划中返璞归真的设计理念可以真正被实现。

三、智能材料及其在绿色建材中的应用

智能材料是具有一定感知和记忆能力的多功能材料,主要就是能够很好进行各种对于环境处理,实现自我诊断和调节作用的复杂生物系统材料,由于智能材料具有传统材料没有的特殊性,所以更加有非常突出的特点和广泛应用,也将是未来建筑行业发展重要材料。

(一)智能材料的概念的特点

具体地说智能材料具有一定内涵,主要就是感知功能,可以对于外界很多现象进行很敏感度感知能力,比如对于光、电和热的刺激等都有非常敏感感知能力,另外就是具有一定驱动能力,可以很快速反应外界变化,还可按照设定方式进行很好选择和控制作用,可以非常灵活地对于记忆进行很好记录,最后就是可以对于各种刺激可以进行非常好的完善和恢复工作。对于智能材料来说最重要的指导思想就是多功能和仿生设计方面,智能材料具有一定智能功能,可以对于各种外界刺激和生命特征进行很好传感和反馈作用。比如可以很好传感到外界环境条件的负载和变化,对于各种辐射和外界变化都可以很好感知,可以很好反馈系统中信息所控制的物质问题,对于信息可以进行非常完好的识别能力,还可以根据外界环境将信息进行积累,对于环境变化做出非常好的反应,同时还可以采取各种措施进行分析和诊断。对于故障问题可以及时进行处理,对于失误可以及时进行分析,通过修复能力进行自我繁殖和再生能力,还可以进行很好调节能力,不断对各种变化进行自身结构调整,使得材料系统可以得到很好优化和做出规范性措施。

(二)智能材料的工作原理

智能材料一般都是由基本材料、敏感材料、驱动材料、其他材料及信息处理器等几个部分进行组成,对于基本材料就是负担承载轻质材料,或者高分子材料和耐腐蚀性材料,就是对于金属材料进行非常好的选择作用。敏感材料就是指的是可以负担传感任务,对于环境变化进行非常敏感感知能力,可以使得材料记忆和变化点到很好适应能力。驱动材料就是指的是在一定条件对材料进行很好控制,主要包含压

电材料和光纤材料等很多类型。其他材料主要就是导电材料、磁性材料结合半导体材料等，最后就是对于信息处理器的研究，这是最核心部分，对于传感器信号进行非常完好处理功能。

（三）一般智能材料的主要分类

1. 智能材料可以分为很多类型，一般按照功能可以划分为光导纤维、压电和电流变体等很多种类型。如果按照来源不同，可以分为金属系智能材料、高分子智能材料和无机非金属材料几个类型。根据材料模拟生物行为可以分为以下几个类型，第一就是智能传感材料，主要就是对于各种热、电和磁等信号刺激监测工作，可以感知反馈能力，也是智能材料必须材料，比较典型的就是传感材料、光纤和微电子传感器等，光纤在智能材料结构中是非常常见材料，可以感知到很多物理参数和温度变化等数据。

2. 智能驱动材料，这主要是对于温度和电场变化进行很好形状和位置分析，主要就机械的响应能力，也是最常用的驱动材料，可以很好记忆，进行数据进行很好统计。

3. 智能修复材料就是模仿动物进行结构再生和恢复能力，采用黏结材料和材料相互符合方式，对于材料的损坏进行很好自愈和再生能力，提高材料使用能力。

4. 智能控制材料对于智能传感材料的反馈信息进行很好记忆和存储能力，同时还可以进行智能驱动材料修复。主要就是对于微型计算机智能控制，在控制过程中，可以使用高层控制集成水平，在实际应用中可以进行程序模拟，能够解决好各种复杂问题。

（四）绿色智能建筑材料的种类研究

1. 智能建筑材料分类可以分为很多种，首先智能混凝土，这种材料本身具有一定感应能力，在混凝土复合部分可以使得材料具有一定自感功能，目前可以分为三个类型，聚合物，碳类和金属类，其中常用的就是碳类和金属材料，另外还有就是金属片和金属纤维等。对于碳纤维主要就是水泥复合材料的电阻变化和内部弹性变形问题，要对于电阻率进行很好弹性断裂分析，还可以对于复合材料进行检测和静态控制。在疲劳的情况下可以进行适当降低，也就是对于混凝土进行疲劳监测工作，还可以利用材料对于建筑物内部和周围环境的监控工作。

2. 对于自调节混凝土，人们希望混凝土结构除了可以进行正常负荷外，还可以在受到台风和地震等影响时不断地调整承载能力和缓解震动。对于混凝土惰性进行合理之别，要进行必要复合驱动功能。目前很多大学研究都可以看出混凝土复合电黏性流体研制调节材料都比较多，对于电流变体也是一种通过外界电场作用下进行控制的，弹性进行流体双向变化分析，在受到外界电场作用下，可以组合电场增加完全固化的研究，还可以恢复流体变化状态。

3. 对于智能乳胶漆的耐候和防水灯功能研究，可以根据室内外的紫外线进行墙体变化亮度分析，合理解决好室内光线的问题，对于自我调节能力可以进行很好地特殊性分析研究，结合对于光的折射变化，使得人体的视觉更加复合高分子稳定，使得产品受到不同环境激活，稳定产品的分子整体结构，自动调节好适应能力和状态。

4. 智能玻璃，就是一种具有很好采光，调光和蓄光功能的新兴生态建筑玻璃，可以在太阳能温室效应和节能方面进行很好地空间分类，同时还可以对于大多数的智能光学玻璃进行很好智能应用。这种玻璃主要分类有，光导纤维、荧光聚光玻璃和变色玻璃等分类。这些玻璃如果应用到建筑中就可以起到很大作用，可以很好改善建筑整体采光效果。

（五）智能化绿色建筑应用分析

1. 对于智能建筑材料应用可以从智能建筑皮开始，就是外在应用方面，很多外国建造师对于智能建筑皮的研究，进行很好框架拉伸外包处理，就是把建筑外面可以制作的像一个皮球，这样可以很好节省空间，同时再应用上高科技的照明、照明和新型信息处理方式，就都可以对于建筑从外面开始进行整体的改革。智能建筑皮材料就是利用气凝胶进行绝热处理，就是白天可以吸热，晚上可以进行放热，这种表面皮还可以做到对于太阳能电池的蓄电能力，可以很好收集阳光进行很好供电功能。

2. 另一典型的代表就是对于智能玻璃的使用方面，可以使用智能玻璃对于建筑外墙体进行很好技术处理，减少光污染现象，大量能源消耗，对于室内卫生质量可以进行很好地处理，主要就是能很好地处理好建筑整体通风和空调系统自动控制能力，核心技术就是使用传统的技术方法对于建筑墙体进行新型改造和应用，这样可以很好提高建筑采光。

智能材料实际上就是一种仿真生命系统，就是一种利用对于建筑外部感知度和提供一种针对材料进行自身反馈机制，适应到材料各种性能，可以很好地改善好建筑整体质量，保持建筑原本的美感和高科技感。智能化产品也是现代绿色建筑开发和应用的重要内容，在一定程度建筑会直接影响到生活水平的提高，发展智能化绿色建筑材料可以很好满足人们对于高品质生活水平追求。

第三章 绿色建筑的设计

第一节 绿色建筑设计理念

随着时代和科学技术的迅猛发展，全球践行低碳环保理念，其目的是共同维护生态环境。我国自中共十八届五中全会就已将绿色发展的理念提升到政治高度，为我国建筑设计市场指引着发展的方向。建筑行业作为国民经济的重要支柱产业，将绿色理念融入到建筑设计中能够从根本上影响人们的生活方式，进而达到人与自然环境和谐相处。综上可知，在建筑设计中运用绿色建筑设计理念具有非常重要的意义。本节主要对建筑设计中绿色建筑设计理念的运用进行分析，阐述绿色建筑在实际设计中的具体应用。

绿色建筑设计是针对当今环境形势，所倡导的一种新型的设计理念，提倡可持续发展和节能环保，以达到保护环境和节约资源的目的，是当今建筑行业发展的重要趋势。在建筑设计中建筑师须结合人们对环境质量的需求，考虑建筑的全生命周期设计，从而实现人文、建筑以及科学技术的和谐统一发展。

一、绿色建筑设计理念

绿色建筑设计理念的兴起源于人们环保意识的不断增强，在绿色建筑设计理念的运用中主要体现在以下三个方面：

①建筑材料的选择。相较于传统建筑设计理念，绿色建筑设计首先从材料的选择上，采用节能环保材料，这些建筑材料在生产、运输及使用工程中都是环境友好的材料。②节能技术的使用。在建筑设计中节能技术主要运用在通风、采光及采暖等方面，在通风系统中引入智能风量控制系统以减少送风的总能源消耗；在采光系统中运用光感控制技术，自动调节室内亮度，减少照明能耗；在采暖系统中引入智能化控制系统，使建筑内部的温度智能调节。③施工技术的应用。绿色设计理念的运用能够提高了工厂预制率，减少了湿作业，提高了工作效率的同时，提高了项目的完成度。

二、绿色建筑设计理念的实际运用

平面布局的合理性。在建筑方案设计过程中,首先考虑建筑的平面布局的合理性,这对使用者体验造成直接影响,在住宅平面布局中比较重要的是采光,故而在建筑设计中合理规划布局考虑采光,以此增强建筑对自然光的利用率,减少室内照明灯具的应用,降低电力能源损失消耗。同时通过阳光照射可以起到杀菌和防潮的功效。在进行平面布局时应该遵循以下几项原则:①设计当中严格把握控制建筑的体形系数,分析建筑散热面积与体形系数间的关系,在符合相关标准要求的基础上尽量增大建筑采光面积。②在进行建筑朝向设计时,考虑朝向的主导作用,使得建筑是室内接受更多的自然光照射,并避免太阳光直线照射。

门窗节能设计。在建筑工程中门窗是节能的重点,是采光和通风的重要介质,在具体的设计中需要与实际情况相结合对门窗进行科学合理的设计,同时还要做好保温性能设计,合理选用门窗材料,严格控制门窗面积,以此减少热能损失。另外在进行门窗设计时需要结合所处地区的四季变化情况与暖通空调相互融合,减少能源消耗。

墙体节能设计。在建筑行业迅猛发展的背景下,各种新型墙体材料类型层出不穷,在进行墙体选择当中需要在满足建筑节能设计指标要求的原则下对墙体材料进行合理选用。例如针对加气混凝土材料等多孔材料的物理性质,他们具有更好的热惰性能,因而可以用来增强墙体隔热效果,减少建筑热能不断向外扩散,达到节约能源、降低能耗的目的。其次在进行墙体设计时,可以铺设隔热板来增强墙体隔热保温性能,实现节能减排的目的。目前隔热板的种类和规格比较多,通过合理的设计,隔热板的使用可以强化外墙结构的美观度,提高建筑的整体观赏价值,满足人们的生活和城市建设的需求。

单体外立面设计。单体外立面是建筑设计中的重点,同时立面设计也是绿色建筑设计的重要环节,在开展该项工作时要与所处区域的天气气候特征相结合选用适合的立面形式和施工材料。由于我国南北气候差异较大,在进行建筑单体外立面设计中要对南北方区域的天气气候特征、热工设计分区、节能设计要求进行具体分析,科学合理的规划,大体而言,对于北方建筑单体立面设计,要严格控制建筑物体形系数、窗墙比等规定性指标,同时因为北方地区冬季温度很低,这就需要考虑保证室内保温效果,在进行外墙和外窗设计时务必加强保温隔热处理,减少热力能源损失,保障建筑室内空间的舒适度。对于南方建筑单体立面设计,因为夏季温度很高,故而需要科学合理的规划通风结构,应用自然风大大降低室内空调系统的使用效率,降低能耗。此外,在进行单体外墙面设计时要尽量通过选用装修材料的颜色等,以此来提升建筑美观度,削弱外墙的热传导作用,达到节约减排的目的。

要注重选择各种环保的建筑材料。在我国,绿色建筑设计理念与可持续发展战略相一致,所以在建筑设计的时候要充分利用各种各样的环保建筑材料,以此实现材料的循环利用,进而降低能源能耗,达到节约资源的目的。在全国范围内响应绿色建筑设计及可持续发展号召下,建材市场上新型环保材料如雨后春笋般迅猛发展,这给建筑师提供了更多的可选的节能环保材料。作为一名建筑设计师,要时刻把遵循绿色设计原则、达到绿色环保的目标、实现绿色可持续发展为己任,持续为我国输出可持续发展的绿色建筑。

充分利用太阳能。太阳能是一种无污染的绿色能源,是地球上取之不尽用之不竭的能源来源,所以在进行建筑设计时首要考虑的便是有效利用太阳能替代其他传统能源,这可以大大降低其他有限的资源消耗。鼓励设计利用大阳能,是我国政府及规划部门对于节约能源的一大倡导。太阳能技术是将太阳能量转换能热水、电力等形式供生产生活使用。建筑物可利用太阳的光和热能,在屋顶设置光伏板组件,产生直流电,亦或是利用太阳热能加热产生热水。除此之外,设计人员应该与被动采暖设计原理相结合,充分利用寒冷冬季太阳辐射和直射能量,并且通过遮阳建筑设计方式减少夏季太阳光的直线照射,从而减少建筑室内空间的各种能源消耗。例如设置较大的南向窗户或使用能吸收及缓慢释放太阳热力的建筑材料。

构建水资源循环利用系统。水资源作为人类生存和发展的重要能源,要想实现可持续发展,有效践行绿色建筑理念,必须实现水资源的节约与循环利用。其中对于水资源的循环利用,在建筑设计中,设计人员需要在确保生活用水质量的基础上,构建一系列的水资源循环利用系统,做好生活污水的处理工作,即借助相关系统把生活生产污水进行处理以后,使其满足相关标准,继而可使用到冲厕、绿化灌溉等方面,从而在极大程度上提高水资源的二次利用率。此外,在规划利用生态景观中的水资源时,设计人员应严格依据整体性原则、循环利用原则、可持续原则,将防止水资源污染和节约水资源当作目标,并从城市设计角度做好海绵城市规划设计,做好雨水收集工作,借助相应系统来处理收集到的雨水,然后用作生态景观用水,形成一个良好的生态循环系统。加之,在建筑装修设计中,应选用节水型的供水设备,不选用消耗大的设施,一定情况下可大量运用直饮水系统,从而确保优质水的供应,达到节约水资源的目的。

综上所述,在我国绿色建筑理念的倡导下,绿色建筑设计概念已成为建筑设计的基础。市场上从建筑材料到建筑设备都在不断的体现着绿色可持续的设计理念、支持着绿色建筑的发展，这一系列的举措都在促使着我国建筑行业朝着绿色、可持续的方向不断前进。

第二节　我国绿色建筑设计的特点

我国属于人均资源短缺的国家，根据中国建材网统计数据表明，当前80%的新房建设都是高耗能建筑。所以，当前，我国建筑能耗已经成了国民经济的严重负担。如何让资源变得可持续利用是当前亟待解决的一个问题。伴随社会发展，人类所面临的情形越来越严峻，人口基数越来越大，资源严重被消耗，生态环境越来越恶劣。面对如此严峻的形势，实现城市建筑的绿色节能化转变越来越重要。建筑行业随着经济社会的进步和发展也在不断加快进程。环境污染的问题越来越严重，国家出台了相关的政策措施。在这样的发展状况下，建筑领域中对于实现可持续发展，维持生态平衡更加关注，要保证经济建设符合绿色的基本要求。因此，对于绿色建筑理念应该进行合理运用。

一、绿色建筑概念界定

绿色建筑定义。绿色建筑指的是"在建筑的全寿命周期内，最大限度地节约资源、保护环境和减少污染，为人们提供健康、适宜和高效的使用空间，与自然和谐共生的建筑"。当前，中国已经成为世界第一大能源消耗国，因此，发展绿色建筑对于中国来说有着非常重要的意义。当前，国内节能建筑能耗水平基本上与1995年的德国水平相差无几，我国在低能耗建筑标准规范上尚未完善，国内绿色建筑设计水平还处于比较低的水平。另外，不管是施工工艺水平，还是产后材料性能，都与发达国家相比存在较大差距。同时，低能耗建筑与绿色建筑的需求没有明确的规定标准，部件质量难以保证。

伴随着绿色建筑的社会关注度不断提升，可预见，在不久将来绿色建筑必将成为常态建筑，按照住房和城乡建设部给出的绿色建筑定义，可以理解绿色建筑为一定要表现在建筑全寿命周期内的所有时段，包括建筑规划设计、材料生产加工、材料运输和保存、建筑施工安装、建筑运营、建筑荒废处理与利用，每一环节都需要满足资源节约的原则，同时绿色建筑必须是环境友好型建筑，不仅要考虑到居住者的健康问题和实用需求，还必须和自然和谐相处（图1）。

绿色建筑设计原则。建筑最终目的是以人为本，希望能够通过工程建设来提供人们起居和办公的生活空间,让人们各项需求能够被有效满足。和普通建筑相比,其最终目的并没有得到改变,只是立足在原有功能的基础上,提出要注重资源的使用效率,要在建筑建设和使用过程中做到物尽其用,维护生态平衡,因地制宜地搞房屋建设。

健康舒适原则。绿色建筑的首要原则就是健康舒适,要充分体现出建筑设计的人性化,从本质上表现出对于使用者的关心,通过使用者需求作为引导来进行房屋建筑设计,让人们可以拥有健康舒适的生活环境与工作环境。其具体表现在建材无公害、通风调节优良、采光充足等方面。

简单高效原则。绿色建筑必须要充分考虑到经济效益,保证能源和资金的最低消耗率。绿色建筑在设计过程中,要秉持简单节约原则,比如说在进行门窗位置设计的过程中,必须要尽可能满足各类室内布置的要求,最大限度避免室内布置出现过大改动。同时在选取能源的过程中,还应该充分利用当地气候条件和自然资源,资源选取上尽量选择可再生资源。

整体优化原则。建筑为区域环境的重要组成部分,其置身于区域之中,必须要同周围环境和谐统一,绿色建筑设计的最终目标为实现环境效益达到最佳。建筑设计的重点在于对建筑和周围生态平衡的规划,让建筑可以遵循社会与自然环境统一性的原则,优化配置各项因素,从而实现整体优化的效果。

二、绿色建筑的设计特点和发展趋势探析

绿色建筑设计特点分析。

节地设计。作为开放体系,建筑必须要因地制宜,充分利用当地自然采光,从而降低能源消耗与环境污染程度。绿色建筑在设计过程中一定要充分收集、分析当地居民资源,并根据当地居民生活习惯来设计建筑项目和周围环境的良好空间布局,让人们拥有一个舒适、健康和安全的生活环境。

节能节材设计。倡导绿色建筑,在建材行业中加以落实,同时积极推进建筑生产和建材产品的绿色化进程。设计师在进行施工设计的过程中,最大限度地保证建筑造型要素简约,避免装饰性构件过多;建筑室内所使用的隔断要保证灵活性,可以降低重新装修过程中材料浪费和垃圾出现;并且尽量采取能耗低和影响环境程度较小的建筑结构体系;应用建筑结构材料的时候要尽量选取高性能绿色建筑材料。当前,我国通过工业残渣制作出来的高性能水泥与通过废橡胶制作出来的橡胶混凝土均为新型绿色建筑材料,设计师在设计的过程中应尽量选取,应用这些新型材料。

水资源节约设计。绿色建筑进行水资源节约设计的时候,首先,大力提倡节水

型器具的采用；其次，在适宜范围内利用技术经济的对比，科学地收集利用雨水和污水，进行循环利用。另外，还要注意在绿色建筑中应用中水和下水处理系统，用经过处理的中水和下水来冲洗道路汽车，或者作为景观绿化用水。根据我国当前绿色建筑评价标准，商场建筑和办公楼建筑非传统水资源利用率应该超过20%，而旅馆类建筑应该超过15%。

绿色建筑设计趋势探析。绿色建筑在发展过程中不应局限于个体建筑之上，相关设计师应从大局角度出发，立足城市整体规划基础上来进行统筹安排。绿色建筑实属于系统性工程，其中会涉及很多领域，例如污水处理问题，这不只是建筑专业范围需要考虑的问题，还必须依靠于相关专业的配合来实现污水处理问题的解决。针对设计目标来说，绿色建筑在符合功能需求和空间需求的基础上，还需要强调资源利用率的提升和污染程度的降低。设计师在设计过程中还需要秉持绿色建筑的基本原则：尊重自然，强调建筑与自然的和谐。另外，还要注重对当地生态环境的保护，增强对自然环境的保护意识，让人们行为和自然环境发展能够相互统一。

三、我国绿色建筑设计的必要性

中国建材网数据表明，国内每年城乡新建房屋面积高达20亿平方米，其中超出80%都是高耗能建筑。现有建筑面积高达635亿平方米，其中超出95%都是高能耗建筑，而能源利用率仅仅才达到33%，相比于发达国家来说，我国要落后二十余年。建筑总能耗分为两种，一种是建材生产，另一种是建筑能耗，而我国30%的能耗总能量为建筑总能耗，而其中建材生产能耗量高达12.48%。而在建筑能耗中，围护结构材料并不具备良好的保温性能，保温技术相对滞后，传热耗能达到了75%左右。所以，大力发展绿色建筑已经成为一种必然的发展趋势。

绿色建筑设计可以不断提升资源的利用率。从建筑行业长久的发展上看，我们得知，在建设建筑项目过程中会对资源有着大量的消耗。我国土地虽然广阔，但是因为人口过多，很多社会资源都较为稀缺。面对这样的情况，建筑行业想要在这样的环境下实现稳定可持续发展，就要把绿色建筑设计理念的实际应用作为工作的重点，并结合人们的住房需求，采取最合理的办法，将建筑建设的环境水平提升，同时也要缓解在社会发展中所呈现出的资源稀缺的问题。

例如，可以结合区域气候特点来设计低能耗建筑；利用就地取材的方式来使建筑运输成本大大降低；利用采取多样化节能墙体材料来让建筑室内具备保温节能功能；应用太阳能、水能等可再生能源以降低生活热源成本；对建筑材料进行循环使用来实现建筑成本和环境成本的切实降低。

绿色建筑很大程度延伸了建筑材料的可选范围。绿色建筑发展让很多新型建筑材料和制成品有了可用之地，并且还进一步推动了工艺技术相对落后的产品的淘汰。例如，建筑业对多样化新型墙体保温材料的要求不断提高，GRC板等新型建筑材料层出不穷，基于这样的时代背景下，一些高耗能高成本的建筑材料渐渐被淘汰出局。

作为深度学习在计算机视觉领域应用的关键技术，卷积神经网络是通过设计仿生结构来模拟大脑皮层的人工神经网络，可实现多层网络结构的训练学习。同传统的图像处理算法相比较，卷积神经网络可以利用局部感受野，获得自主学习能力，以应对大规模图像处理数据，同时权值共享和池化函数设计减少了图像特征点的维数，降低了参数调整的复杂度，稀疏连接提高了网络结构的稳定性，最终产生用于分类的高级语义特征，因此被广泛应用于目标检测、图像分类领域。

以持续化发展为目的，促进社会经济可持续发展。

在信息技术快速发展的背景下，在社会各个领域中都有科学技术手段的应用。同样在建筑行业中，出现了很多绿色建筑的设计理念和相关技术，将资源浪费的情况从根本上降低，全面提升建筑工程的质量水平。除此之外，随着科学技术的发展，与过去的建筑设计相比，当前设计建筑的工作，在经济、质量以及环保方面都有着很大的突破，给建筑工程质量的提升打下了良好的基础。

伴随人类生产生活对于能源的不断消耗，我国能源短缺问题已经变得越来越严重，同时，社会经济的不断发展，让人们已经不仅仅满足最基本的生活需求，从十九大报告中"我国社会主要矛盾的转变"，可看出人们的生活追求正在变得逐步提升，都希望能够有一个健康舒适的生活环境。种种因素的推动下，大力发展绿色建筑已经成为我国建筑行业发展的必然趋势，相较于西方发达国家来说，我国建筑能耗严重，绿色建筑技术水平远远落后。本节首先探析了绿色建筑的相关概念界定，之后从节地设计、节能节材设计和水资源节约设计三个方面对绿色建筑设计特点进行了分析，详细描述了我国绿色建筑设计的发展趋势，最后阐明了绿色建筑设计的必要性。绿色建筑发展不仅仅是我国可持续发展对建筑行业发展提出来的必然要求，同时也是人们对生活质量提升和对工作环境的基本诉求。

第三节　绿色建筑方案设计思路

在社会发展的影响下，我国建筑越来越重视绿色设计，其已经成为建筑设计中非常重要的一环，建筑设计会慢慢地向绿色建筑设计靠拢，绿色建筑为人们提供高效、健康的生活，通过将节能、环保、低碳的意识融入建筑中，实现自然与社会的和谐共生。现在我过建筑行业对绿色建筑设计的重视程度非常高，绿色建筑设计理念既是一个全新的发展机遇，同时又面临着严重的挑战。在此基础上本节分析了绿色建筑设计思路在设计中的应用。分析和探讨绿色建筑设计理念与设计原则，并提出绿色建筑设计的具体应用方案。

近年来我国经济发展迅速，但是这样的发展程度，大多以环境的牺牲作为代价。目前，环保问题成为了整个社会所关注的热点，如何在生活水平提高的同时对各类资源进行保护和如何对整个污染进行控制成为了重点问题。尤其对于建筑业来说，所需要的资源消耗较大，也就意味着会在整个建筑施工的过程中造成大量的资源浪费。而毋庸置疑的是建筑业所需要的各种材料，往往也是通过极大的能源来进行制造的，而制造的过程也会造成很多的污染，比如钢铁制造业对于大气的污染，粉刷墙用的油漆制造对于水源的污染。为了减少各种污染所造成的损害，于是提出了绿色建筑这一体系，也就是说，在整个建筑物建设的过程中进行以环保为中心，减少污染控制的建造方法。绿色建筑体系，对于整个生态的发展和环境的可持续发展具有重要的意义。除此之外，所谓的绿色建筑并不仅仅只建筑，本身是绿色健康环保的，他要求建筑的环境也是处于一个绿色环保的环境，可以给居住在其中的居民一个更为舒适的绿色生态环境。以下分为室内环境和室外环境来进行论述。

一、绿色建筑设计思路和现状

据不完全数据显示，建筑施工过程中产生的污染物质种类涵盖了固体、液体和气体三种，资源消耗上也包括了化工材料、水资源等物质，垃圾总量可以达到年均总量的40%左右，由此可以发现绿色建筑设计的重要性。简单来说，绿色建筑设计思路包括了节能能源、节约资源、回归自然等设计理念，就是以人的需求为核心，通过对建筑工程的合理设计，最大程度地降低污染和能源的消耗，实现环境和建筑的协调统一。设计的环节需要根据不同的气候区域环境有针对性的进行，并从筑室内外环境、健康舒适性、安全可靠性、自然和谐性以及用水规划与供排水系统等因素出发合理设计。

在我国建筑设计中的应用受诸多因素的影响，还存在不少的问题，发展现状不容乐观。①尽管近些年建筑行业在国家建设生态环保性社会的要求下，进一步地扩大了绿色建筑的建筑范围，但绿色建筑设计与发达国家相比仍处于起步阶段，相关的建筑规范和要求仍然存在缺失、不合理的问题，监管层面更是严重缺乏，限制了绿色设计的实施效果。②相较于传统建筑施工，绿色建筑设计对操作工艺和经济成本的要求也很高,部分建设单位因成本等因素对于绿色设计思路的应用兴趣不高。③绿色建筑设计需要相关的设计人员具备高素质的建筑设计能力,并能够在此基础上将生态环保理念融合在设计中,但实际的设计情况明显与期待值不符,导致绿色建筑设计理念流于形式,未得到落实。

二、建筑设计中应用绿色设计思路的措施

绿色建筑材料设计。绿色建筑设计中,材料选择和设计首要的环节,在这一阶段,主要是从绿色选择和循环利用设计两个方面出发。

绿色建筑材料的选择。建筑工程中,前期的设计方案除了要根据施工现场绘制图纸外,也会结合建筑类型事先罗列出工程建设中所需的建筑材料,以供采购部门参考。但传统的建筑施工"重施工,轻设计"的观念导致材料选购清单的设计存在较大的问题,材料、设备过多或紧缺的现象时有发生。所以,绿色建筑设计思路要考虑到材料选购的环节,以环保节能为清单设计核心。综合考虑经济成本和生态效益,将建筑资金合理地分配到不同种类材料的选购上,可以把国家标准绿色建材参数和市面上的材料数据填写到统一的购物清单中,提高材料选择的环保性。而且,为了避免出现材料份额不当的问题,设计人员也要根据工程需求情况,设定一个合理数值范围,避免造成闲置和浪费。

循环材料设计。绿色建筑施工需要使用的材料种类和数量都较多,一旦管理的力度和范围有缺失就会资源的浪费,必须做好材料的循环使用设计方案。对于大部分的建筑施工而言,多数的材料都只使用了一次便无法再次利用,而且使用的塑料材质不容易降解,对环境造成了相当严重的污染。对此,在绿色建筑施工管理的要求下,可以先将废弃材料进行分类,一般情况下建材垃圾的种类有碎砌砖、砂浆、混凝土、桩头、包装材料以及屋面材料,设计方案中可以给出不同材料的循环方法,碎砌砖的再利用设计就可以是做脚线、阳台、花台、花园的补充铺垫或者重新进行制造,变成再生砖和砌块。

顶部设计。高层建筑的顶部设计在整体设计过程当中占据着非常重要的地位,独特的顶部设计能够增强整体设计的新鲜感,增强自身的独特性,更好的与其他建筑设计进行区分。比如说可以将建筑设计的顶部设计成蓝色天空的样子,等到晚上可以变成一个明亮的灯塔,给人眼前一亮的感觉。但是,并不可以单纯了为了博得大家的关注而使用过多的建筑材料,避免造成资源浪费,顶部设计的独特性应该建立在节约能源资源的基础上,以绿色化设计为基础。

外墙保温系统设计。外墙自保温设计需要注意的是抹灰砂浆的配置要保证节能,

尤其是抗裂性质的泥浆对于保证外保温系统的环保十分关键。为了保证砂浆维持在一个稳定的水平线以内，要在砂浆设计的过程中严格按照绿色节能标准，合理制定适当比例的乳胶粉和纤维元素比例，以保证砂浆对保温系统的作用。

个人认为，绿色建筑不光指民用建筑可持续发展建筑、生态建筑、回归大自然建筑、节能环保建筑等，工业建筑方面也要考虑其绿色、环保的设计，减少环境影响。

刚刚设计完成的定州雁翎羽羽制品工业园区，正是考虑到了绿色环保这一方面，采用工业污水处理+零排放技术。其规模及影响力在全国羽羽制品行业是首屈一指。

其地理位置正是位于雄安新区腹地，区位优势明显、交通便捷通畅、生态环境优良、资源环境承载能力较强，现有开发程度较低，发展空间充裕，具备高起点高标准开发建设的基本条件。为迎合国家千年大计之发展，该企业是羽羽行业单家企业最大的污水处理厂，工艺流程完善，污水多级回收重复利用，节能率最高，工艺设备最先进；总体池体结构复杂，污水处理厂区130＊150m，整体结构控制难度大，嵌套式水池分布，土结构地下深度深，且多层结构，地利用率最充分，设计难度大。

整个厂区水循环系统为多点回用，污水处理有预处理+生化+深度生化处理+过滤；后续配备超滤反渗透+蒸发脱盐系统，是国内第一家真正实现生产污水零排放的羽羽企业。

简而言之，在建筑设计中应用绿色设计思路是非常有必要的，绿色建筑设计思路在当前建筑行业被广泛应用，也取得了较好的应用效果，进一步的研究是十分必要的，相信在以后的发展过程中，建筑设计中会加入更多地绿色设计思路，建筑绿色型建筑，为人们创建舒适的生活居住环境。

第四节　绿色建筑的设计及其实现

文章首先分析了绿色环境保护节能建筑设计的重要意义，随后介绍了绿色建筑初步策划、绿色建筑整体设计、绿色材料与资源的选择、绿色建筑建设施工等内容，希望能给相关人士提供参考。

随着近几年环境的恶化，绿色节能设计理念相继诞生，这也是近几年城市居民生活的直接诉求。在经济不断发展的背景下，人们对于生活质量的重视程度逐渐提升，使得环保节能设计逐渐成为建筑领域未来发展的主流方向。

一、绿色环境保护节能建筑设计的重要意义

绿色建筑拥有建筑物的各种功能，同时还可以按照环保节能原则实施高端设计，

从而进一步满足人们对于建筑的各项需求。在现代化发展过程中，人们对于节能环保这一理念的接受程度不断提升，建筑行业领域想要实现可持续发展的目标，需要积极融入环保节能设计相关理念。而建筑应用期限以及建设质量在一定程度上会被环保节能设计综合实力所影响，为了进一步提高绿色建筑建设质量，需要加强相关技术人员的环保设计实力，将环保节能融入到建筑设计的各个环节中，从而提高建筑整体质量。

二、绿色建筑初步策划

节能建筑设计在进行整体规划的过程中，需要先考虑到环保方面的要求，通过有效的宏观调控手段，控制建筑环保性、经济性和商业性，从而促进三者之间维持一种良好的平衡状态。在保证建筑工程基础商业价值的同时，提高建筑整体环保性能。通常情况下，建筑物主要是一种坐北朝南的结构，这种结构不但能够保证房屋内部拥有充足的光照，同时还能提高建筑整体商业价值。实施节能设计的过程中，建筑通风是其中的重点环节，合理的通风设计可以进一步提高房屋通风质量，促进室内空气的正常流通，从而维持清新空气，提高空气和光照等资源的使用效率。在建筑工程中，室内建筑构造为整个工程中的核心内容，通过对建筑室内环境进行合理布局，可以促进室内空间的充分利用，促进个体空间与公共空间的有机结合，在最大程度上提升建筑节能环保效果。

三、绿色节能建筑整体设计

空间和外观。通过空间和外观的合理设计能够实现生态设计的目标。建筑表面积和覆盖体积之间的比例为建筑体型系数，该系数能够反映出建筑空间和外观的设计效果。如果外部环境相对稳定，则体型系数能够决定建筑能源消耗，比如建筑体型系数扩大，则建筑单位面积散热效果加强，使总体能源消耗增加，为此需要合理控制建筑体型系数。

门窗设计。建筑物外层便是门窗结构，会和外部环境空气进行直接接触，从而空气便会顺着门窗的空隙传入室内，影响室温状态，无法发挥良好的保温隔热效果。在这种情况下，需要进一步优化门窗设计。窗户在整个墙面中的比例应该维持一种适中状态，从而有效控制采暖消耗。对门窗开关形式进行合理设计，比如推拉式门窗能够防止室内空气对流。在门窗的上层添加嵌入式的遮阳棚，从而对阳光照射量进行合理调节，促进室内温度维持一种相对平衡的状态，维持在一种最佳的人体舒适温度。

墙体设计。建筑墙体功能之一便是促进建筑物维持良好的温度状态。进行环保节能设计的过程中，需要充分结合建筑墙体作用特征，提升建筑物外墙保温效果，扩大外墙混凝土厚度，通过新型的节能材料提升整体保温效果。最新研发出来的保温材料有耐火纤维、膨胀砂浆和泡沫塑料板等。相关新兴材料能够进一步减缓户外空气朝室内的传播渗透速度，从而降低户外温度对于室内温度的不良影响，达到一种良好的保温效果。除此之外，新兴材料还可以有效预防热桥和冷桥磨损建筑物墙体，增加墙体使用期限。

四、绿色材料与资源的选择

合理选择建筑材料。材料是对建筑进行环保节能设计中的重要环节，建筑工程结构十分复杂，因此对于材料的消耗也相对较大，尤其是在各种给水材料和装饰材料中。通过高质量装饰材料能够突显建筑环保节能功能，比如通过淡色系的材料进行装饰，不仅可以进一步提高整个室内空间的开阔度和透光效果，同时还能够对室内的光照环境进行合理调节，随后结合室内采光状态调整光照，降低电力消耗。建筑工程施工中给排水施工是重要环节，为此需要加强环保设计，尽量选择环保耐用、节能环保、危险系数较低的管材，从而进一步增加排水管道应用期限，降低管道维修次数，为人们提供更加方便的生活，提升整个排水系统的稳定性与安全性。

利用清洁能源。对清洁能源的应用技术是最新发展出来的一种广泛应用于建筑领域中的技术，受到人们广泛欢迎，同时也是环保节能设计中的核心技术。其中难度较高的技术为风能技术、地热技术和太阳能技术。而相关技术开发出来的也是可再生能源，永远不会枯竭。将相关尖端技术有效融入于建筑领域中，可以为环保节能设计奠定基础保障。在现代建筑中太阳能的应用逐渐扩大，人们能够通过太阳能直接进行发电与取暖，也是现代环保节能设计中的重要能源渠道。社会的发展离不开能源，而随着我们发展速度不断加快，对于能源的消耗也逐渐增加，清洁能源的有效利用可以进一步减轻能源压力，同时清洁能源还不会造成二次污染，满足人们绿色生活要求。当下建筑领域中的清洁能源以自然光源为主，能够有效减轻视觉压力，为此在设计过程中需要提升自然光利用率，结合光线衍射、反射与折射原理，合理利用光源。因为太阳能供电需要投入大量资金资源进行基础设备建设，在一定程度上阻碍了太阳能技术的推广。风能的应用则十分灵活，包括机械能、热能和电能等，都可以由风能转化并进行储存，从这种角度来看风能比太阳能拥有更为广阔的开发前景。绿色节能技术的发展能够在建筑领域中发挥出更大的作用。

五、绿色建筑建设施工技术

地源热泵技术。地源热泵技术常用与解决建筑物中的供热和制冷难题，能够发挥出良好的能源节约效果。和空气热泵技术相比，地源热泵技术在实践操作过程中，不会对生态环境造成太大的影响，只会对周围部分土壤的温度造成一定影响，对于水质和水位没有太大影响，因此可以说地源热泵拥有良好的环保效果。地理管线应用性能容易被外界温度所影响，在热量吸收与排放两者之间相互抵消的条件下，地源热泵能够达到一种最佳的应用状态。我国南北方存在巨大温差，为此在维护地理管线的过程中也需要使用不同的处理措施。北方可以通过增设辅助供热系统的方式，分散地源热泵的运行压力，提高系统运行稳定性；而南方地区则可以通过冷却塔的方法分散地源热泵的工作负担，延长地源热泵应用期限。

蓄冷系统。通过优化设计蓄冷系统，可以对送风温度进行全面控制，减少系统中的运行能耗。因为夜晚的温度通常都比较低，能够方便在降低系统能耗的基础上，有效储存冷气，在电量消耗相对较大的情况下有效储存冷气，随后在电力消耗较大的情况下，促进系统将冷气自动排送出去，结束供冷工作，减少电费消耗。条件相同的情况下，储存冰的冷器量远远大于水的冷气量，同时冰所占的储冷容积也相对较小，为此热量损失较低，能够有效控制能量消耗。

自然通风。自然通风可以促进室内空气的快速流动，从而使室内外空气实现顺畅交换，维持室内新鲜的空气状态，使其满足舒适度要求，同时不会额外消耗各种能源，降低污染物产量，在零能耗的条件下，促进室内的空气状态达到一种良好的状态。在该种理念的启发下，绿色空调暖通的设计理念相继诞生。自然通风主要可以分为热压通风和风压通风两种形式，而占据核心地位和主导优势的是风压通风。建筑物附近风压条件也会对整体通风效果产生一定影响。在这种情况下，需要合理选择建筑物具体位置，充分结合建筑物的整体朝向和分布格局进行科学分析，提高建筑物整体通风效果。在设计过程中，还需充分结合建筑物剖面和平面状态进行综合考虑，尽量降低空气阻力对于建筑物的影响，扩大门窗面积，使其维持在同一水平面，实现减小空气阻力的效果。天气因素是影响户外风速的主要原因，为此在对建筑窗户进行环保节能设计时，可以通过添加百叶窗对风速进行合理调控，从而进一步减轻户外风速对于室内通风的影响。热压通风和空气密度之间的联系比较密切。室内外温度差异容易影响整体空气密度，空气能够从高密度区域流向低密度区域，促进室内外空气的顺畅流通，通过流入室外干净的空气，从而把室内浑浊的空气排送出去，提升室内整体空气质量。

空调暖通。建筑物保温功能主要是通过空调暖通实现的。为了实现节能目标，可以对空调的运行功率进行合理调控，从而有效减少室内热量消耗，提高空调暖通的环保节能效果。除此之外，还可以通过对空调风量进行合理调控的方法降低空调运行压力，减少空调能耗，实现节能目标。把变频技术融入到空调暖通系统中，能够进一步减少空调能耗，和传统技术下的能耗相比降低了四成，提高了空调暖通的节能效果。经济发展带来双重后果：一是提升了人们整体生活质量，二是加重了环境污染，威胁到人们身体健康。对空调暖通进行优化设计能够有效降低污染物排放，减少能源消耗，从而提升整体环境质量。在对建筑中的空调暖通设备进行设计的过程中，还需要充分结合建筑外部气流状况和建筑当地地理状况，有效选择环保材料，促进系统升级，提升环保节能设计的社会性与经济效益。

电气节能技术。在新时期的建筑设计中，电气节能技术的应用范围逐渐扩大，能够进一步减少能源消耗。电气节能技术大都应用于照明系统、供电系统和机电系统中。在配置供电系统相关基础设备的过程中，应该始终坚持安全和简单的原则，预防出现相同电压变配电技术超出两端问题的出现，外变配电所应该和负荷中心之间维持较近的距离，从而能够有效减少能源消耗，促进整个线路的电压维持一种稳定的状态。为了降低变压器空载过程中的能量损耗，可以选择配置节能变压器。为了进一步保证热稳定性，控制电压损耗，应该合理配置电缆电线。照明设计和配置两者之间完全不同，照明设计需要符合相应的照度标准，只有合理设计照度才能降低电气系统能源消耗，实现优化配置终极目标。

综上所述，环保节能设计符合新时期的发展诉求，同时也是建筑领域未来发展的主流方向，能够促进人们生活环境和生活质量的不断优化，在保证建筑整体功能的基础上，为人们提供舒适生活，打造生态建筑。

第五节　绿色建筑设计的美学思考

在以绿色与发展为主题的当今社会，随着我国经济的飞速发展，科技创新不断进步，在此影响下绿色建筑在我国得以全面发展贯彻，各类优秀的绿色建筑案例不断涌现，这给建筑设计领域也带来了一场革命。建筑作为一门凝固的艺术，其本身是以建筑的工程技术为基础的一种造型艺术。绿色技术对建筑造型的设计影响显著，希望本节这些总结归纳能对从事建筑业的同行有所帮助和借鉴。

建筑是人类改造自然的产物，绿色建筑是建筑学发展到当前阶段人类对我们不断恶化的居住环境的回应。在绿色建筑的主题也更是对建筑三要素"实用、经济、美观"的最好解答，基于此，对绿色建筑下的建筑形式美学展开研究分析，就十分的必要了。

一、绿色建筑设计的美学基本原则

"四节一环保"是绿色建筑概念最基本的要求，新的国家标准 GBT 50378—2009《绿色评价标准》更是在之前的基础上体现出了"以人为本"的设计理念。因此对于绿色建筑的设计，首先要求我们要回归建筑学的最本质原则，建筑师要从"环境、功能、形式"三者的本质关系入手，建筑所表现的最终形式是对这三者的关系的最真实的反应。对于建筑美，从建筑诞生那刻起人类对建筑美的追求就从未停止，虽然不同时代，不同时期人们的审美有所不同，但美的法则是有其永恒的规律可遵循的。优秀的建筑作品无一例外的都遵循了"多样统一"的形式美原则，对于这些如：主从、对比、韵律、比例、尺度、均衡基本法则仍然是我们建筑审美的最基本原则。从建造角度来讲，建筑本身是和建筑材料密切相关的，整个建筑的历史，从某种意义来说也是一部建筑材料史，绿色建筑美的表现还在于对其建筑材料本身特质与性能的真实体现。

二、绿色建筑设计的美学体现

生态美学。生态美属于是所有生命体和自然环境和谐发展的基础，其需要确保生态环境中的空气、水、植物、动物等众多元素协调统一，建筑师的规划设计需要满足自然规律的前提下来实现。我们都知道，中国传统民居就是在我国古代劳动人民不断的适应自然，改造自然的过程中，不断积累经验，利用本土建筑材料与长期积累的建造技艺来建造，最终形成一套具有浓郁地方特色的建筑体制，无论是北方的合院，江南的四水归堂，中西部的窑洞，西南地区的干阑式建筑无一例外都是适应当地自然环境气候特征、因地制宜的建造的结果，其本质体现了先民一种"天人合一"与自然和谐相处的哲学思想。现代生态建筑的先驱及最忠实践者的马来西亚建筑大师杨经文的实践作品为现代建筑的生态设计的提供了重要的方向。他认为"我们不需要采取措施来衡量生态建筑的美学标准。我认为，它应该看起来像一个'生活'的东西，它可以改变、成长和自我修复，就像一个活的有机体，同时它看起来必须非常美丽"。

工艺美学。现代建筑起源于工艺美术运动，而最早有关科技美的思想，是一名德国的物理学家兼哲学家费希纳所提出的。建筑是建造艺术与材料艺术的统一体，其表现出的结构美，材料质感美都与工业、科技的发展进步密不可分。人类进入信息化社会以后，区别于以往单纯追求的技术精美，未来建筑会更加的智能化，科技感会更突出。这种科技美的出现虽然打破了过去对于自然美和艺术美的概念，但同时又为绿色建筑向更高端迈进提供了新的机会，与以往"被动式"绿色技术建造为主不同，未来的绿色建筑将更加的"主动"，从某种意义上讲绿色建筑也会变的更加有机，自我调控修复的能力更强。

空间艺术。建筑从使用价值角度来讲，其本质的价值不在于其外部形式而在于内部空间本身。健康的舒适的室内空间环境是绿色建筑最基本的要求。不同地域不同气候特征下，建筑内部的空间特征就有所区别，一般来说，严寒地区的室内空间封闭感比较强，炎热地区的空间就比较开敞通透。建筑内部对空间效果的追求要以有利于建筑节能，有利于室内获得良好通风与采光为前提。同时，室内空间的设计要能很好的回应外部的自然景观条件，能将外部景观引入的室内（对景、借景），从而形成美的空间视觉感受。

三、绿色建筑设计的美学设计要点

绿色建筑场地设计。绿色建筑对场地设计的要求我们在开发利用场地时，能保护场地内原有的自然水域、湿地、植被等，保持场地内生态系统与场外生态系统的连贯性。正所谓"人与天调，然后天下之美生。"意为只有将"人与天调"作为基础，进行全面的关注和重视，综合对于生态的重视，我们才能够完成可持续发展观，从而设计并展现出真正的美。这就要求我们在改造利用场地时，首先选址要合理，所选基地要适合于建筑的性质。在场地规划设计时，要结合场地自身的特点（地形地貌等），因地制宜的协调各种因素，最终形成比较理性的规划方案。建筑物的布局应要合理有序，功能分区明确，交通组织合理。真正与场地结合比较完美建筑就如同在场地中生长出一般，如现代主义建筑大师赖特的代表作流水别墅就是建筑与地形完美结合的经典之作。

绿色建筑形体设计。基于绿色建筑下建筑的形态设计，建筑师应充分考虑建筑与周边自然环的联系，从环境入手来考虑建筑形态，建筑的风格应与城市、周边环境相协调。一般在"被动式"节能理念下，建筑的体型应该规整，控制好建筑表面积与其体积的比值（体型系数），才能节约能耗。对于高层建筑，风荷载是最主要的水平荷载。建筑体型要求能有效减弱水平风荷载的影响，这对节约建筑造价有着积极的意义，如上海金茂大厦、环球金融中心的体型处理就是非常优秀的案例。在气候影响下，严寒地区的建筑形态一般比较厚重，而炎热地区的建筑形态则相对比较轻盈舒展。在场地地形高差比较复杂的条件下，建筑的形态更应结合场地地形来处理，以此来实现二者的融合。

绿色建筑外立面设计。绿色建筑要求建筑的外立面首先应该比较简洁,摒弃无用的装饰构件,这也符合现代建筑"少就是多"的美学理念。为了保证建筑节能,应在满足室内采光要求下,合理控制建筑物外立面开窗尺度。在建筑立面表现上,我们可通过结合遮阳设置一些水平构架或垂直构件,建筑立面的元素要有存在的实用功能。在此理念下,结合建筑美学原理,来组织各种建筑元素来体现建筑造型风格。在建材选择选择上,应积极选用绿色建材,建筑立面的表达要能充分表现材料本身的特如,如钢材的轻盈,混凝土的厚重及可塑性,玻璃反射与投射等等。在智能技术发展普及下,建筑的外立面就不是一旦建成就固定不变了,如今已实现了可控可调,建筑的立面可以与外部环境形成互动,丰富了建筑的立面视觉感观。如可根据太阳高度及方位的变化,可智能调节的遮阳板,可以"呼吸"的玻璃幕墙,立体绿化立面等等,这些都展现出了科技美与生态美理念。

绿色室内空间设计。在室内空间方面,首先绿色建筑提倡装修一体化设计,这可以缩短建筑工期,减少二次装修带来的建筑材料上的浪费。从建筑空间艺术角度,一体化设计更有利于建筑师对建筑室内外整体建筑效果的把控,有利于建筑空间氛围的营造,实现高品位的空间设计。从室内空间的舒适性方面,绿色建筑的室内空间要求能改善室内自然通风与自然采光条件。基于此,中庭空间无疑是最常用的建筑室内空间。结合建筑的朝向以及主要风向设置中庭,形成通风甬道。同时将外部自然光引入室内、利用烟囱的效应,有助于引进自然气流,置换优质的新鲜空气。中庭地面设置绿化、水池等景观,在提供视觉效果的同时,更是有利于改造室内小气候。

绿色建筑景观设计。景观设计由于其所处国度及文化不同,设计思想差异很大,以古典园林为代表的中国传统景观思想讲究体现自然山水的自然美,而西方古典园林则是以表达几何美为主。在这两种哲学思想下,形成了现代景观设计的两条主线。绿色主题下的景观设计应该更重视建立良性循环的生态系统,体现自然元素和自然过程,减少人工痕迹。在绿化布局中,我们要改变过去单纯二维平面维度的布置思路,而应该提高绿容率,讲究立体绿化布置。在植物配置的选择上应以乡土树种为主,提倡"乔、灌、草"的科学搭配,提高整个绿地生态系统对基地人居环境质量的功能作用。

绿色建筑的发展打破了固有的建筑模式,给建筑行业注入了新的活力。伴随着人们对绿色建筑认识的提高,也会不断提升对于绿色建筑的审美能力,作为我们建筑师更应该提升个人修养,杜绝奇奇怪怪的建筑形式,创作符合大众审美的建筑作品。

第六节　绿色建筑设计的原则与目标

"生态引领、绿色设计"为主的绿色建筑设计理念逐渐得到建筑行业重视,并得到一定程度的推广与应用。以绿色建筑为主的设计理念主张结合可持续战略政策,实现建筑领域范围内的绿色设计目标,解决以往建筑施工污染问题,最大限度地确保建筑绿色施工效果。可以说,实行绿色建筑设计工作俨然成为我国建筑领域予以重点贯彻与落实的工作内容。针对于此,本节主要以绿色建筑设计为研究对象,重点针对绿色建筑设计原则、实现目标及设计方法进行合理分析,以供参考。

全面贯彻与落实国家建筑部会议精神及决策部署,牢固树立创新、绿色、开放的建筑领域发展理念,俨然成为建筑工程现场施工与设计工作亟待实现的发展理念与核心目标。目前,对于绿色建筑设计问题,必须严格按照可持续发展理念与绿色建筑设计理念,即构建以创新发展为内在驱动力,以绿色设计与绿色施工为内在抓手的设计理念,以期可以为绿色建筑设计及现场施工提供有效保障。与此同时,在实行绿色建筑设计过程中,建筑设计人员必须始终坚持把"生态引领、绿色设计"放在全局规划设计当中,力图将绿色建筑设计工作带动到建筑工程全过程施工当中。

一、绿色建筑的相关概述

基本理念。所谓的绿色建筑主要是指在建筑设计与建筑施工过程中,始终秉持人与自然协调发展原则,并秉持节能降耗发展理念,保护环境和减少污染,为人们提供健康、舒适和高效的使用空间,建设与自然和谐共生的建筑物。在提高自然资源利用率的同时,尽量促进生态建筑与自然建筑的协调发展。在实践过程中,绿色建筑一般不会使用过多的化学合成材料,反而会充分利用自然能源,如太阳光、风能等可再生资源,让建筑使用者直接与大自然相接触,减少以往人工干预问题,确保居住者能够生活在一个低耗、高效、环保、绿色、舒心的环境当中。

核心内容。绿色建筑核心内容多以节约能源资源与回归自然为主。其中,节约能源资源主要指在建筑设计过程中,利用环保材料、最大限度地确保建设环境安全。与此同时,提高材料利用率,合理处理并配置剩余材料,确保可再生能源得以反复利用。举例而言,针对建筑供暖与通风设计问题,在设计方面应该尽量减少空调等供暖设备的使用量,最好利用自然资源,如太阳光、风能等,加强向阳面的通风效果与供暖效果。一般来说,不同地区的夏季主导风向有所不同。建筑设计人员可以根据不同的地区地理位置以及气候因素进行统筹规划与合理部署,科学设计建筑平面形式和总图布局。

而绿色建筑设计主要是指在充分利用自然资源的基础上,实现建筑内部设计与外部环境的协调发展。通俗来讲,就是在和谐中求发展,尽可能地确保建筑工程的居住效果与使用效果。在设计过程中,摒弃传统能耗问题过大的施工材料,尽量杜绝使用有害化学材料等,并尽量控制好室内温度与湿度问题。待设计工作结束之后,现场施工人员往往需要深入施工场地进行实地勘测,及时明确施工区域土壤条件,是否存在有害物质等。需要注意的是,对于建筑施工过程中使用的石灰、木材等材料必须事先做好质量检验工作,防止施工能耗问题。

二、绿色建筑设计的原则

简单实用原则。工程项目设计工作往往需要立足于当地经济特点、环境特点以及资源特点方面进行统筹考虑,对待区域内自然变化情况,必须充分利用好各项元素,以期可以提高建筑设计的合理性与科学性。介于不同地域经济文化、风俗习惯存在一定差异,因此所对应的绿色设计要求与内容也不尽相同。针对于此,绿色建筑设计工作必须在满足人们日常生活需求的前提下,尽可能地选用节能型、环保型材料,确保工程项目设计的简单性与适用性,更好地加强对外界不良环境的抵御能力。

经济和谐原则。绿色建筑设计针对空间设计、项目改造以及拆除重建问题予以了重点研究,并针对施工过程能耗过大的问题,如化学材料能耗问题等进行了合理改进。主张现场施工人员以及技术人员必须采取必要的控制手段,解决以往施工能耗过大的问题。与此同时,严格要求建筑建筑设计人员必须事先做好相关调查工作,明确施工场地施工条件,针对不同建筑系统采取不同的方法策略。为此,绿色建筑设计要求建筑设计人员必须严格遵照经济和谐原则,充分延伸并发展可持续发展理念,满足工程建设经济性与和谐性目标。

节约舒适原则。绿色建筑设计主体目标在于如何实现能源资源节约与成本资源节约的双向发展。因此,国家建筑部将节约舒适原则视作绿色建筑设计工作必须予以重点践行的工作内容。严格要求建筑设计人员必须立足于城市绿色建筑设计要求,重点考虑城市经济发展需求与主要趋势,并且根据建设区域条件,重点考虑住宅通风与散热等问题。最好减少空调、电扇等高能耗设备的使用频率,以期可以初步缓解能源需求与供应之间的矛盾现象。除此之外,在建筑隔热、保温以及通风等功能的设计与应用方面,最好实现清洁能源与环保材料的循环使用,以期可以进一步提升人们生活的舒适程度。

三、绿色建筑设计目标内容

新版《公共建筑绿色设计标准》与《住宅建筑绿色设计标准》针对绿色建筑设计目标内容作出了明确指示与规划,要求建筑设计人员必须从多个层面,实现层层推进、环环紧扣的绿色建筑设计目标。重点从各个耗能施工区域入手,加强节能降耗设计措施,以确保绿色建筑设计内容实现建筑施工全范围覆盖目标。以下是本人结合实际工作经验,总结与归纳出绿色建筑设计亟待实现的目标内容,仅供参考。

功能目标。绿色建筑设计功能目标涵盖面较广、集中以建筑结构设计功能、居住者使用功能、绿色建筑体系结构功能等目标内容为主。在实行绿色建筑设计工作时,要求建筑设计人员必须从住宅温度、湿度、空间布局等方面综合衡量与考虑,如空间布局规范合理、建筑面积适宜、通风性良好等。与此同时,在身心健康方面,要求建筑设计人员必须立足于当地实际环境条件,为室内空间营造良好的空气环境,且所选用的装饰材料必须满足无污染、无辐射的特点,最大限度地确保建筑物安全,并满足建筑物使用功能。

环境目标。实行绿色建筑设计工作的本质目的在于尽可能地降低施工过程造成的污染影响。因此,对于绿色建筑设计工作而言,必须首要实现环境设计目标。在正式设计阶段,最好着眼于合理规划建筑设计方案方面,确保绿色建筑设计目标得以实现。与此同时,在能源开采与利用方面,最好重点明确设计目标内容,确保建筑物各结构部位的使用效果。如结合太阳能、风能、地热能等自然能源,降低施工过程中的能耗污染问题。

成本目标。经济成本始终是建筑项目予以重点考虑的效益问题。对于绿色建筑设计工作人言,实现成本目标对于工程建设项目而言,具有至关重要的作用。对于绿色建筑设计成本而言,往往需要从建筑全寿命周期进行核定。对待成本预算工作,必须从整个规划的建筑层面入手,将各个独立系统额外增加的费用进行合理记录。最好从其他处进行减少,防止总体成本发生明显波动。如太阳能供暖系统投资成本增加可以降低建筑运营成本等。

四、绿色建筑设计工作的具体实践分析

关于绿色建筑设计工作的具体实践,笔者主要以通风设计、给排水设计、节材设计为例。其中,通风设计作为绿色建筑设计的重点内容,需要立足于绿色建筑设计目标,针对绿色建筑结构进行科学改造。如合理安排门窗开设问题、适当放宽窗户开设尺寸,以达到提高通风量的目的。与此同时,对于建筑物内部走廊过长或者狭小的问

题而言，建筑设计人员一般多会针对楼梯走廊实行开窗设计，目的在于提高楼梯走廊光亮程度以及通风效果。

在给排水系统设计方面，严格遵循绿色建筑设计理念，将提高水资源利用效率视为给排水系统设计的核心目标。在排水管道设施的选择方面，尽量选择具备节能性与绿色性的管道设施。在布局规划方面，必须满足严谨、规范的绿色建筑设计原则。另外，在节约水资源方面，最好合理回收并利用雨水资源、规范处理废水资源。举例而言，废水资源经循环处理之后，可以用于现场施工，如清洗施工设备等。

在建筑设计过程中，节材设计尤为重要。建筑材料的选择直接影响着设计手法和表现的效果，建筑设计应尽量多的采用天然材料，并力求使资源可重复利用，减少资源的浪费。木材、竹材、石材、钢材、砖块、玻璃等均是可重复利用极好的建材，是现在建筑师最常用的设计手法之一，也是体现地域建筑的重要表达语言。旧材料的重复利用，加上现代元素的金属板、混凝土、玻璃等能形成强烈的新旧对比，在节材的同时赋予了旧材料新生命，同时也彰显的人文情怀和地方特色。材料的重复使用更能凸显绿色建筑，地域与人文的"呼应"，传统与现代的"融合"，环境与建筑的"一体"的理念。

总而言之，绿色建筑设计作为实现城市可持续发展与环保节能理念落实的重要保障，理应从多个层面，实现层层推进、环环紧扣的绿色建筑设计目标。在绿色建筑设计过程中，最好将提高能源资源利用率、实现节能、节材、降耗目标放在首要设计战略位置，力图在降低能耗的同时，节约成本。与此同时，在绿色建筑设计过程中，对于项目规划与设计问题，必须尊重自然规律、满足生态平衡。对待施工问题，不得擅自主张改建或者扩建，确保能够实现人与自然和谐相处的目标。需要注意的是，工程建筑设计人员最好立足于当前社会发展趋势与特点，明确实行绿色建筑设计的主要原则及目标，从根本上确保绿色建筑设计效果，为工程建造安全提供保障。

第七节 基于 BIM 技术的绿色建筑设计

社会的快速发展推动了我国城市化的进程，使得建筑行业的发展取得了突飞猛进的进步，建筑行业在快速发展的同时也给我国的生态环境带来了一定的污染，一些能源也面临着枯竭。这类问题的出现对我国的经济发展产生了重大的影响。随着环境和能源问题的日益增大，我国对于生态环境保护给予了重大的关注，使我国现阶段的发展理念主要以节能、绿色和环保为主。作为我国城市发展基础工程的建筑工程，为了适应社会的发展，也逐渐向着绿色建筑的方向进步。虽然我国对于绿色建筑已经大力发展，但是由于一些因素的影响，使得绿色建筑的发展存在着一些问题，为了有效地对绿色建筑发展中出现的问题进行解决，就需要在绿色建筑发展中合理的运用BIM技术。本篇文章，主要就是基于BIM技术的绿色建筑设计进行的分析和研究。

一、BIM技术和绿色建筑设计的概述

BIM技术。BIM技术就是一种建新型的建筑信息模型，通常应用在建筑工程中的设计建筑管理中，BIM的运行方式主要是先通过参数对模型的信息进行整合，并在项目策划、维护以及运行中进行信息的传递。将BIM技术应用在绿色建筑设计中，不但可以为建筑单位以及设计团队奠定一定的合作基础，还可以有效地为建筑物从拆除到修建等各个环节提供有力的参考，由此可见，BIM技术可以推广建筑工程的量化以及可视化。在建筑工程的项目建筑中，不论任何单位都可以利用BIM技术来对作业的情况进行修改、提取以及更新，所以说BIM技术还可以促进建筑工程的顺利开展。BIM技术的发展是以数字技术为基础，是利用数字信息模型来对信息在BIM中进行储存的一个过程，这些储存的信息一般是对工程建筑施工、设计和管理具有重要作用的信息，通过BIM技术实现对关键信息的统一管理，有利于施工人员的工作。BIM技术的建筑模型技术，主要运用的仿真模拟技术，这种技术即使面对的是一项复杂的工程，也可以快速地对工程的信息进行分析，BIM技术具有的模拟性、协调性和可视性等特点，可以有效地对建筑工程的施工质量进行提升对施工成本进行降低。

绿色建筑设计。绿色建筑在我国近几年的发展中应用的范围越来越广泛，绿色建筑的发展源于我国以往的建筑行业发展和工业发展带来的严重环境污染和资源浪费，对绿色建筑进行发展主要是希望建筑物的发展在发挥其自身特性的同时，也能够达到节能减排的目的，是为了使我国的建筑发展能够在建筑物有限的使用寿命里有效地对能源进行节约和污染进行减小。只有这样才能够提升人们的生活质量和促进人与建筑以及人与人的和谐发展。绿色建筑是一种建筑设计理念，并不是在建筑的周围所进行的一种绿色设计，简单来说，就是在工程建设不破坏生态平衡的前提下，还能够有效地对建筑材料的使用以及能源的使用进行减少，发展的目的是以节能环保为主。

二、BIM技术与绿色建筑设计的相互关系

BIM技术为绿色建筑设计赋予了科学性。BIM技术主要是通过数字信息模型

来对绿色建筑中的数据进行分析，分析的数据不但包括设计数据，还包括施工数据，所以BIM技术的运用是贯穿于整个建筑工程项目的始终。BIM技术可以在市政、暖通、水利、建筑以及桥梁的施工中进行引用，在建筑工程中利用BIM技术，主要是为了对工程建设的能源损耗进行减小，对施工效率和施工质量进行提高。由于BIM技术的发展是以数字技术为基础，所以对数据的分析具有精确性和正确性的特点，在绿色建筑设计的数据分析中利用BIM技术进行分析，可以有效地使绿色建筑的设计更加的科学化合规范化，绿色建筑设计经过精确的数据分析可以更好地达到绿色建筑的行业标注要求。

绿色建筑设计促进了BIM发展技术的提升。我国的BIM技术相较于发达国家，起步是较晚的，所以BIM技术的发展较为落后，BIM技术在我国现阶段的发展处于探究发展的阶段，发展没完全的成熟，为了加强BIM技术的发展，就应在实际的运用中对BIM技术问题进行发现和修整。因此，在绿色建筑设计中应用BIM技术可以有效地促进BIM技术发展的速度，由于绿色建筑设计的每一个环节都需要用到BIM技术来进行辅助工作和数据支撑，所以可以对BIM技术在每一个环节中出现的问题进行及时发现。

三、基于BIM技术的绿色建筑设计

节约能源的使用。绿色建筑设计发展的要求就是做到对资源使用有效的节约，所以说节约能源是绿色建筑设计发展的重要内容。在绿色建筑设计中，BIM技术的使用可以通过建立三维模型来对能源的消耗情况进行分析软件，在对数据进行分析时，还可以根据当地气候的数据对模拟进行调整，这样就会使得对建筑结构分析的精确，建筑结构设计具有精确性就会最大程度地避免出现建筑结构重置的情况，在实际的施工中也可以减小工程变更问题的出现，因此可以较大程度的减小对能源的使用。通过BIM技术还可以实现对太阳辐射强度的分析，这样就可以通过对太阳辐射的分析来获取太阳能，可以做到对太阳能的最大程度使用，太阳能为可再生能源，在绿色建筑中加大对太阳能的使用，就可以有效地减小对其它能源的使用率。

运营管理分析。建筑物对能源的消耗是极大的，而能耗的问题也是建筑行业发展中所面临的严峻挑战之一，将BIM技术应用在建筑工程中不但可以有效地降低项目工程设计、运行以及施工中对能源消耗的情况，由于BIM技术具有独特的状态监测功能，还可以在较短的时间内对建筑设备的运行状态进行了解和有效地实现，对运营的实时监管和控制。通过对运营的监管可以最大程度的做到对使用能源进行减少，从而使得绿色建筑设计的经济效益最大化。BIM技术还具有紧急报警装置，如果在施工的过程中有意外情况的发生，BIM就会及时发出警报，从而使得事故发生损失最小化。

室内环境分析。在绿色建筑中利用BIM技术来对数据进行分析，可以通过精确且高效的计算数据来对建筑物设计中的不足进行发现，这样不但可以有效地对建筑设计的水平进行提升，还可以最大程度的对建筑物室内的环境、通风、采光、取暖、降噪等方面进行优化。BIM技术对室内环境的优化主要是通过对室内环境的各种数据进行分析之后得出真实情况的模拟，再通过BIM技术准确的数据支撑，使设计者在了解数据之后通过对门窗开启的时间、速度和程度等各种条件来对通风的情况进行改善，因此，BIM技术的应用可以有效地对室内通风的状况进行优化。

协调建筑与环境之间的关系问题。利用BIM技术可以对建筑物的墙体、采光问题、通风问题以及声音的问题等通过数据进行分析，在利用BIM技术对这类问题进行分析时，通常是利用建筑方所提供的设计说明书来对相应的光源、声音以及通风的情况进行的设计，通过把这类数据输入BIM软件，便可以生产与其相关的数据报告，设计者再通过这些报告来对建筑物的设计进行改进，便可有效地对建筑物和环境之间的问题进行协调。

我国科技的不断发展在促进社会进步的同时，也使得BIM技术得到广泛的应用，为了满足社会发展的需求，我国的建筑行业正在向着绿色建筑方向发展。要使绿色建筑设计发展取得良好的发展，就需要在绿色建筑设计中融入BIM技术，BIM技术对绿色建筑设计具有较好的辅助作用，有利于提升设计方案的生态性，并且还可以有效地改善建筑工程建设污染严重的情况。面对环境污染严重的局势，我国必须加大对绿色建筑设计的推广力度，并且积极地利用现代技术来优化模拟设计方案，这样才可以推动建筑设计的生态型以及促进建筑行业的可持续发展。

第四章 建筑工程施工的基本理论

第一节 建筑工程施工质量管控

建筑工程施工质量关系到建筑行业的发展水平,影响着相关产业的未来发展。目前,由于施工质量管控不到位造成的安全事故时有发生,显露出建筑工程施工质量管控中的一些问题,本节通过分析这些问题,并提出加强质量管控的可行办法,从而达到控制施工风险的目的,实现施工质量的有力管控,提高施工单位的工作质量,提升建筑项目的整体水平。

建筑工程施工质量管理是建筑工程施工三要素管理中重要的组成部分,质量管理工作不仅影响着工程的交付与正常使用,而且也对工程施工成本、进度产生着不容忽视的影响,为此,建筑工程施工管理工作者需要针对建筑工程施工质量管理中存在的问题,对相应优化策略做出探索。

一、建筑工程施工质量管控中的问题

(一)对建筑工程施工人员的管控不到位

施工人员的工作质量直接关系到建筑工程的质量。但目前在施工质量管控方面,施工人员的管理还有很多不足之处。首先,施工单位管理者缺乏质量管控意识,认为只要没有发生重大质量问题,就不必进行管理,对施工人员平时的工作疏于管理。其次,施工单位没有专门的质量管控部门,平时的质量管理主要是由企业中临时组建起来的管理小组负责,由于这些管理人员缺乏相应的权限和管理经验,在实际的管理工作中,监督不到位,问题处理方案不合理,导致施工人员的工作比较随意,埋下了隐患。

(二)对施工技术的管控不足

过硬的施工技术是保证工程施工质量达标的前提。但是目前,许多施工单位对施工技术的管控依旧不足。首先,施工单位任用的施工人员,有很多是雇佣的临时工,企业为了节约施工成本,会任用那些缺乏专业能力的员工,这些施工人员的学

历不高、综合素质也比较低,对于建筑施工方面的知识不了解,实际工作难以达到标准。其次,由于施工单位在施工技术研发方面的投入较少,未能及时通过培训教育等方式提升施工人员的能力,也未能引进先进的施工设备,使得整个施工工程的技术含量较低,不止是影响了施工速度,施工质量也难以保证。

(三)施工环境的质量管控不到位

施工环境主要包括两个方面,一方面是技术环境,在进行建筑施工之前,施工单位未能充分勘测施工项目所处的地理环境,施工方案与地质情况不相符,影响了施工的质量,另外由于未能考虑到施工过程中气候、天气的变化,没有采取相应的应对措施,也会造成施工质量出现问题。另一方面是作业环境,在施工过程中,施工人员可能需要高空作业、借助施工设备开展工作,由于保护措施不到位或者设备未经调试等原因,也有可能导致施工结果和预期存在偏差,使得工程项目的质量不达标。

(四)对工序工法的管控不力

建筑工程项目一般都比较复杂,涉及到的施工环节比较多,工序工法关系着施工进程和质量。施工单位对于工序工法的管控不到位,也会导致质量问题。一是工序工法的设计不合理,设计人员在对施工现场进行勘察时,没有对所有施工要素进行全面、仔细的调查,其勘察结果存在偏差,影响了工序工法的设计。其次,没有专门对不合理工序工法进行纠正的标准,导致不合理的工序工法被应用到实际的施工过程中。最后,未能按照工序工法施工。施工人员在实际的施工过程中太过随意,任意改动施工计划,打乱了施工节奏,从而影响了施工质量。

(五)对分项工程的质量管控不足

建筑工程施工中,会将一个项目划分为多个分项工程,但施工企业在进行质量管控中,却未能针对这些分项进行细化的监督和管理,导致某些分项缺乏管理,存在质量问题,影响了整体的工程质量。另外,由于施工单位没有把握住分项工程中的质量管控核心,导致质量问题凸显出来,使得工程施工质量不合格。

二、建筑工程施工质量管控的可行方法

(一)加强对建筑工程施工人员的管控

首先,施工单位应当设立专门的质量管控部门,掌握整个建筑工程项目的每个阶段的情况,并根据实际施工工作作出合理的管理决策。其次,施工单位平时应当加强对施工人员的培训,使其熟练掌握施工技能,并且针对当前要施工项目中的要点进

行强调,让每个施工人员都具有自觉的质量控制意识。最后,企业在任用施工人员的时候,应当选用那些综合素质较高、拥有较强工作能力的人,从人员管控的角度出发,加强对工程施工质量的管控。

(二)加强对施工环境的管控

施工企业应当熟悉工程项目的环境,通过控制施工环境,保障施工质量。首先,施工单位应当在开展施工工作之前,对施工现场进行全面考察,了解地质情况和气候,并且做好应对恶劣天气的准备,从而保证施工质量不受外界环境的影响。另外,施工单位应当对施工项目中一些危险性比较高的环节加强管理,避免施工过程中发生安全事故,在保证安全的前提下,按照标准的施工方案开展工作。除此之外,还应当做好施工机械设备的管理,运用符合施工标准的设备,并且在启用设备之前要做好相应的调试,避免因机械设备的原因,影响施工质量。

(三)加强对工序工法的管控

首先,施工单位应该派专业的勘测人员对施工项目提前进行考察,并对勘测结果进行合理的分析,并在设计工序工法的时候考虑到所有的影响因素,根据实际情况不断地优化施工过程,从而设计出能够顺利进行的工序工法。其次,要有专业岗位针对施工的工序工法进行校验和改正。当施工过程中,出现与原本的工序工法设计不符的情况时,要及时地根据施工需求进行调整,避免不合理的工序工法影响施工质量。最后,要加强对施工过程的管理,保障施工人员严格地按照设计好的工序工法进行施工,从而达到质量管控的目的。

(四)加强对分项工程的质量管控

分项工程的质量,直接关系到整个施工项目的质量。加强对分项工程的质量管控,是保障施工项目质量合格的前提。施工单位应当根据不同的分项工程的特点,选用合理的施工工艺,从而保障分项工程能够满足质量要求。另外,施工单位还应当为每个分项工程安排相应的质量监督管理人员,根据既定的质量标准,对分项工程进行严格的管控,使施工项目的每一部分,都能在保证质量的前提下,按期完成,与其他分项工程相互配合,共同达到整个工程项目的质量标准。

(五)实现建筑工程施工质量管控的保障

要切实落实工程施工质量管控,就必须为管控工作提供相应的保障。首先,企业应当具备强烈的质量管控意识,并且设立相应的管理部门,使其运用管理权限加强对质量的管理。其次，企业应当引进先进的施工技术，从技术层面，提高施工质量。再次，施工单位应当制定相应的质量管控制度，以规章制度对员工工作进行规范，保证其工作质量。最后，企业要投入足够的资金，保障施工工作能够顺利、高效地进行，从而提升工程施工质量。

综上所述，在建筑工程施工过程中，对施工队伍、施工技术、施工环境、工序工法、分部项目管控不严格，都会导致建筑工程施工产生各类质量问题，针对这些问题，建筑工程施工质量管理工作者有必要强化对施工各个要素的把控，从而为建筑工程施工质量的提升提供良好保障。

第二节 浅谈建筑工程施工技术

要想提升建筑工程的施工质量，就必须不断改进建筑工程的施工技术以及加强建筑工程现场施工的管理。虽然，当前我国的建筑施工技术和现场管理存在一些问题，但是，相信在未来的发展中，我国的建筑行业会不断运用创新思维，创新我国的建筑施工技术和施工管理方式，为我国的建筑行业发展开辟新的道路。

一、现场施工管理的应对策略

（一）以建筑信息管理技术为基础的施工管理

科学技术在不断地发展，现场施工管理体系也在不断地创新。当前，我国的建筑现场施工管理效率比较低，已经无法再适应社会对建筑企业现场施工的需求了。因此，需要创新新的建筑施工管理体系。而建筑信息管理技术便应运而生。它以建筑工程项目的数据信息为管理基础，通过建立模型，全真模拟建筑施工现场，这样便能对建筑施工现场进行全方位的把控，实时地进行全面的检测和预控。这样建筑施工现场的管理就变得更加准确与完备。关于具体的建筑施工现场管理，可以利用建筑信息模型的管理技术，对施工现场和施工的机械等管理进行建模。在为施工现场建立模型时，首先需要掌握施工现场的所有情况，必须对施工现场有一个整体的规划，并且对各项重要的环节进行缜密的布置与安排，以此，来达到成功对施工现场进行管理的目的。

（二）对施工现场进行安全技术的管理

安全管理对建筑施工现场来说十分的重要。只有确保安全技术的管理，才能保证重点项目的顺利进行。建筑施工现场管理者可以通过建筑工程项目的特点与组织机构设置的情况，建立安全技术交底制度。安全技术交底管理制度能够分段管理建筑施工项目，明确施工责任和管理责任。而且，安全技术交底制度是由主要技术负责人直接向建筑施工技术负责人进行安全交底，并且，明确了具体的事项，达到了针对性的目的。这种制度保障了现场施工的安全。

二、建筑工程施工技术及现场施工管理的问题

（一）建筑工程施工技术面临的问题

目前，我国建筑工程施工技术主要面临着三大问题。①建筑工程施工图纸技术的问题。图纸技术是一个建筑项目开展的最基础的工程，如果建筑工程施工图纸技术有任何技术上的问题，那么，将会影响一个建筑工程项目难以得到全面、细致的审查，同时也将影响建筑项目的施工技术，从而导致建筑工程的质量下降。②建筑工程施工预算技术的问题。建筑工程施工预算技术决定着建筑工程的成本投入以及后期的施工管理。如果施工预算出现了任何问题，那么建筑工程将出现后期成本不够，导致工程延期或质量不佳的情况。③建筑工程材料与技术设备准备的问题。建筑工程项目需要建筑工程材料和设备技术作为保障。一旦，工程材料不足或者设备技术不够，施工材料和技术就无法得到全面的审查，那么，建筑工程后期就无法得到技术的维护。当建筑工程设备出现故障的情况下，项目工程质量也随即下降。

（二）现场施工管理面临的问题

我国建筑工程的施工现场十分复杂。因此需要制定科学的管理体系，针对项目，细化管理规则。一旦，施工现场缺乏科学的管理体系，将会出现以下几点问题。建筑实际施工与计划施工之间的偏差。因为施工管理规则没有细化，导致施工时间拖延，实际建筑施工与计划施工不符。建筑施工操作人员的反操作行为。如果施工管理制度不完善，没有相应的规章制度，现场施工人员的被约束意识薄弱，施工人员便会依照自身的意识进行现场施工操作。那么，便会出现一些意想不到的问题，有时甚至会危害到整个建筑工程甚至发生重大生命事故。

三、优化建筑工程施工技术

（一）运用规划性的施工技术

建筑工程施工技术的规范性的提升对建筑施工技术的提高十分重要。规范建筑施工技术不仅符合建筑施工项目的要求，而且顺应时代的发展潮流。因此，如果要运

用规范性的建筑施工技术必须要求：对建筑施工图纸进行严格的审核，以免出现技术上的问题，从而影响建筑施工的质量。对建筑施工成本进行全面化的预算。首先，必须对建筑施工的内容进行全面的了解，运用科学的运算方式，仔细认真的进行预算，并且将施工预算与施工日期相结合，使成本预算贯穿与建筑施工的各个环节。对施工材料和设备的技术进行充分的准备。首先，必须建立一个施工材料检查与验收的系统。用来确保建筑施工工程的材料过关，并且实时检查设备的技术是否合格，以此来保证建筑工程施工的稳定进行。

（二）运用建筑工程生态施工技术

随着经济的发展，我国的环境问题也越来越突出。因此，在建筑工程施工中也必须考虑到如何应对环境污染的问题，利用建筑工程生态施工技术的优势，为建筑工程创造新的发展前景。建筑工程生态施工技术，从环保出发，以减少建筑工程施工对环境的污染为目的，以促进建筑项目与周围环境的融合为宗旨，以此来提高建筑工程施工的技术，为建筑企业的发展提供动力。并且，建筑工程生态施工技术的运用，还必须慎重选择建筑材料，充分考虑建筑材料的属性以及建筑施工之后，所产生的建筑垃圾的处理方式等。这些都需要通过仔细的考虑和探讨。

社会经济不断发展，我国建筑工程施工技术也开始逐渐提高。对于建筑工程而言，建筑的质量至关重要，而建筑的质量又与建筑施工技术紧密相关。可见，建筑施工技术对建筑企业的重要性。此外，现场施工管理也同样是建筑企业发展的重要因素。只有提高建筑施工技术和加强现场施工管理，才能促进建筑企业健康发展。本节主要分析建筑工程施工技术和探讨现场施工管理。

第三节　建筑工程施工现场工程质量控制

近年来，随着我国城镇化的不断发展，越来越多的工程质量管理与高难度、大规模以及高质量的质量管理要求难以进行匹配，所以在日常工作中不断加强质量管理模式及其方法的探索具有非常重要的意义。本节首先对建设工程施工现场质量管理的作用进行了分析，其次对目前建设工程施工现场质量管理中存在的主要问题也进行了重点的阐述并且针对相应的问题也提出了具有建设性的意见。

一、建筑工程现场施工质量控制概述

建筑工程在施工过程中，由于工程质量相对比较复杂，并且施工项目比较多，所以在施工过程中需要对质量进行严格控制，这就需要从各个环节入手。其中，在对施

工准备环节进行质量控制时，需要根据施工情况进行施工组织的设计，并保证设计过程的有效性与可行性，同时还需要通过有效的方法来提升施工人员的综合素质，以此对整个工程施工质量进行有效的提高。此外，还需要避免一些因素的影响，比如施工材料、人员以及设备等，并在此基础上进行针对性方案的制定，以此提升施工效率。除此之外，建筑行业还需要畸形管理体系的完善，对原材料质量严格把关，这在较大程度上可有效对质量进行有效的控制，不但能够提高施工质量，而且可有效节约施工成本，以此为施工企业经济效益的提升奠定良好基础。

二、建筑工程施工现场工程质量控制出现的问题

（一）监理单位监管不到位

一些监理单位在对工程施工监督的过程中力度不足，主要是因一些监理单位为了追求自身经济利益，导致监理人员配备不能达到要求，并且一些监理人员有缺岗的情况，同时现场监管系统也不完善，在一定程度上没有对施工现场一些材料以及设备等没有进行有效的检查工作，不但降低了监督质量，而且在较大程度上使施工现场工程质量控制得不到有效提升。

（二）工程施工材料质量不达标

我国建筑工程在施工过程中，在对施工材料进行选择的过程中需要遵守建筑行业相关标准，这对工程质量的提升有较大的帮助。但是，从目前来看，一些施工企业在进行施工材料的选购时没有按照建筑行业标准进行选购，直接导致建筑工程出现质量问题，尤其是混凝土比例不合理、水泥干土块稳定性较差以及掺合料不符合标准等，同时还出现板面开裂的问题，这在一定程度上会造成安全隐患。

（三）管理体制不完善

建筑工程在施工的过程中，管理体制在其中扮演着重要角色，能够对施工过程中的一些质量问题进行有效约束，但是在实际施工过程中，由于管理体制不完善，在较大程度上对工程施工质量管理水平的提升造成影响，使一些施工管理内容过于形式化，不能真正发挥其作用。

三、建筑工程施工现场质量管理应对策略

（一）提高施工人员的综合素质

在所有影响因素中，施工人员的综合素质是其中最为重要的影响因素之一，加强

施工人员综合素质的提高，对促进我国建设工程施工现场的质量管理同样具有一定的意义。日常工作中施工人员需要做好自身的本职工作之外，施工单位也要重视加强施工人员的技术技能培训，只有这样才能不断提高施工人员的专业水平以及职业道德素质，进而为确保建设工程施工现场质量管理奠定一定的基础条件。除此之外，也可以广纳吸收人才，尤其是施工技术经验较丰富的人才，这样有利于带动新员工尽快成长，激发新员工的潜能，日常工作中也要给予足够多的时间让新老员工就施工技术方面的问题多进行交流，进而提高施工人员的施工技术水平。

（二）完善监理单位监管工作

建筑工程现场施工质量的提升较大程度上与监理部门全面监督有关，这就需要监理单位完善自身监管工作，肩负其监管责任，同时将监管责任落实到实处。此外，需要对监理单位进行监督程序的完善，对监督报告的标准性进行有效检查，还需要进行监理制度的有效制定，这在较大程度上能够在最大程度上发挥监督作用。

（三）建立统一的质量管理体系，完善质量管理制度

随着社会经济的快速发展以及建筑行业的不断进步，虽然建筑行业整体发展水平有所提升，但是部分施工单位依然沿用传统的建筑工程施工质量管理理念和模式，需要进一步改革创新。实践中可以看到，虽然制定了施工质量管理制度，但是实际中依然缺乏有效的措施和手段，以至于建筑工程施工质量管理只是流于形式，实际效果不好。基于此，笔者人员应当建立专门的管理小组，根据实践工况特点和先进理论，立足于拟建工程项目实况，制定科学和切实可行的建筑工程施工质量管理制度。由于建筑工程施工建设是一项非常复杂的工程，涉及到很多方面的影响因素和问题，因此在制定建筑施工质量管理制度过程中应当对多种因素进行综合考虑，并在此基础上形成较为具体的施工质量管理措施，确保措施和方法的切实可行性和高效性。对于建筑工程项目而言，在施工过程中应当加强全过程管控，建筑工程施工决策阶段建设方应当做好准备工作，按照程序严格落实各项工作，以此来保证建筑工程施工管理工作顺利进行。

（四）提高施工原材料质量

建筑材料是建筑工程整体质量的保证，由此可以看出，只有保证原材料质量才能保证建筑行业整体质量的提高，这就需要对材料进行严格的检验，以此达到建筑行业材料设计标准，这也是建筑行业最为重要的环节。此外，还需要在此基础上对生产厂家的正规性进行查看，以确保原材料质量的提升。

综上所述，在企业生产经营过程中，建设工程施工现场质量管理作为其中的重要组成部分，其项目的整体质量与人们的生命财产安全息息相关，所以在日常工作中必须要加强重视有重点、全过程管理，不断完善质量管理体系以及加强施工人员的综合素质和规范其施工技术，只有这样才能确保建设工程施工现场的质量管理，进而推动我国建筑行业的进一步发展。

第四节　工程测绘与建筑工程施工

在新时代背景下，我国经济水平逐步提高，建筑工程得到了人们普遍的关注。在施工项目之中，工程测绘一直都是其中非常重要的一部分，对项目的整体质量有着非常重要的影响。因此，相关人员理应提高重视程度，通过应用合理的措施进行控制，进而确保工程水平可以达到预期的水平。本篇文章主要描述了工程测绘的主要概念，探讨工程测绘在质量监控的主要特点，分析质量控制的主要意义，并对于实际应用方面发表一些个人的观点和看法。

从现阶段发展而言，为了保证建筑项目的水平能够达到预期，前期准备工作极为重要。这其中便包括工程测绘，通过测量的方式，了解项目的各方面数据信息，并绘制成图表，促使施工人员能够更好地进行工作，进而提升整体质量。

一、工程测绘的主要特点

对于工程测绘来说，自身有着多方面特点，诸如制图调查、图纸设计、材料选用以及尺寸设计等。因此在项目正式开展的过程中，公测测绘人员便需要对所有数据内容进行深入核对，确保没有任何缺陷存在，这也是企业对于质量展开控制的基础前提。对于工程施工本身来说，质量控制的重点核心便是工程测绘，同时还会对于建筑施工的材料、施工方法以及具体应用方面带来非常大的影响。

二、工程测绘在质量监控的主要意义

（一）提升制图工作的整体水平

通过提升施工团队自身的工程测绘技术，可以促使自身工程制图的整体水平得到有效提高，同时也会对建筑物各个不同阶段的质量控制工作带来较大的影响。无论是前期的调查和探索，还是施工之后的管理工作。在实际测绘的时候，如果需要针对地面展开测量，则需要对各类不同的测绘工具予以充分利用，详细把握建筑当前所处的位置、整体形状以及施工规模等。对于设计图本身来说，内容是否完善以及是

否达到既定要求，都会对工程测绘带来较大的影响。之后施工团队再进行工程调查，获取图纸在制作时需要耗费的数据资料，防止由于图纸内部存在数据错误，对整个工程造成巨大影响，导致严重的经济损失产生，同时还能确保施工的售后服务得到全面强化。除此之外，工程测绘工作还会对于建筑工程施工的顺利程度带来影响，放在在施工的过程之中，部分工作量会有所增加，亦或者某些工作内容出现了多次变动，从而可以和其他企业更好地展开交流工作，彼此交换自己的想法。对于建筑企业来说，理应将工程测绘对建筑质量控制的实际作用全部展现出来，依靠高精度测绘的方式，保证图纸内部的数据更具精确性特点以及准确性特点，进而使得相关研究工作可以取得进一步突破。

（二）提升施工的整体质量

在近些年之中，我国的发展速度越来越快，尤其是经济增长速度方面，完全超出了早年的预期，从而对整个施工过程带来了巨大影响。对于施工的每一个阶段，施工企业都需要采取一些具有较高精确性且十分高校的测绘方式，并将现有的施工资源整合在一起，采取相关措施予以合理配置，为项目迦正常开展奠定良好的基础，同时还能施工项目的有效性有所提升。当然，对于测绘工作来说，实际作用并非仅仅如此，在施工的过程中之中，无论是资金成本投入、设备使用还是人力资源方面都能够起到非常好的推动效果，从而使得系统能够及时得到更新，部分不足之处也能有所完善，同时还能对于数据出现的各类异常情况进行有效控制。对于建筑工程自身来说，不论哪一类建筑，质量都是其中最为重要的一项基础因素，施工质量的控制效果往往会直接取决于前期调查以及测量的具体结果。由此能够看出，按照规定要求展开测绘，可以使得计划经济变得更为合理，同时还能使得工程选址的精确度有所提升，以防会有严重的误差问题出现。如此一来，项目在实际开展的时候，对于周边乡镇带来的影响将会降至最低。在进行工程测绘的时候，还能完成定期测绘，以此得到相关数据资料，从而便能能够个及时找出其中存在的各方面问题，并通过最为有效的措施进行处理，以防会有任何意外情况产生。不仅如此，在项目开展的过程之中，所有数据、资料、报告内容以及电子资料都会被工程测绘所影响，从而变得更为完善。

三、工程测绘在建筑施工中的实际应用

（一）布点和测量工作

项目开始前，会直接提供高程控制点及其他各方面的数据资料。之后再基于资

料的内容在建筑物的四个方向分别设置一个固定的控制点，之后再将这些控制点以甲方的要求展开控制。基于当前场地的具体情况，对其中的部分数据展开相应的调整，如果建筑物周围的场地十分狭窄，东西向的控制点可以设置在东边，而南北向的控制点便能够设置在北边，同时还要保证实际布设足够集中，不能过于分散。而对于西、南两侧位置来说，单纯展开远向的复核控制点布设即可。之后项目便进入到了测试阶段，基于三等水准的要求展开测量。所有控制点都需要布设于周边的马路或者建筑物上方，同时还要保证其通视水平得到的要求。如此一来，施工人员在应用正倒镜分中法或者后视法的时候，全部都能确保测量的内容可以时刻控制在预期的范围之中。

（二）轴线和控制线的放样

首先，针对整个场地展开详细观察。并将场地的实际情况以及建筑物结构的基本特点考虑进来，以此能够对测量工作展开合理控制。同时还要时刻遵循逐级控制的基础原则，由整体到局部，先针对整体展开控制，之后再逐步扩散到局部位置进行测量。基于场地当前的通视条件和场地的具体要求，将城市原本的导线点当做是控制点进行控制，确保其能够以场地为中心进行环绕，从而能形成首级控制导线网。在实际进行施工测量的时候，工作人员可以通过内外相结合的控制模式，一般将内控作为主要基础，而外控则能够算作是辅助，确保内外测量能够联系在一起。如果在进行轴线控制的时候，施工人员选择方格网的方式进行控制，最好不要选择边长长度过长的轴线，并将其看作是二级导线，将由于工程过大高差而产生的1角影响不断降低，防止工作人员在测量放样的过程中，地上部分会和地下部分之间出现了超差的问题。在原有的基础护坡位置，提前设置形状为"十"字的首要控制点，从而能够更好地对1级导线以及2级导线展开检核，确保实际得到的数据资料能够和控制测量的精度保持一致。最后则是通过正倒镜头的方式对控制点进行投测，之后再进行平差和复核，依靠直角坐标系的方式或者内分法的方式，促使墙体本身的控制线以及诸多细部线的方式展开测放。例如，在前期挖基坑的时候，工作人员便可以对边坡位置的上下口弦展开控制，同时具体的外放量则需要将坡度本身的情况考虑进来，以此提升计算的精确度。为了保证层间检测更具便利性，还需要提前在各个流水段之中设置好所有预留点，以此确保其密度达到要求。对于主楼而言，每一层都需要提前至少预留9个轴线控制点，并及时采取多种不同的方式对层间放线展开负荷。不仅如此，工作人员还需要依靠激光铅直仪法的方式对大凌空层间中不是特别复杂的点位进行验证和审核。

四、测绘工程提高质量控制的方法

其一是精度控制，为了保证施工进度和质量达到预期，理应创设平面控制网。基于这一情况在实际选择时，必须确保其达到规定的要求。同时还要尽可能将多方面因素考虑进来。

其二是标高传递，在实际测量的时候，应当参照项目施工的具体情况，采用三等水准点展开测量，并对于误差予以合理控制。这其中，出现概率最高的便是系统误差。

其三高程控制点的测量，在实际测量时，理应考虑三个方面。首先在侧脸高的时候，必须要参照设计单位提供的基准点，以此保证测量精度较高。其次是在布置三等水准点的过程中，必须有效把握水准点和建筑之间的距离，一般最好不能超过20m。最后则是对精度范围展开复核，确定其达到规定要求之后，才能进行水准点的使用。

综上所述，在当前时代中，人们对于工程测绘工作的技术和质量均有着非常高的要求。为此，相关人员理应做好技术研究的工作，通过合理的措施确保其控制效果有所提升，进而提升整个建筑物自身的整体质量。

第五节　建筑工程施工安全监理

通过做好工程监理工作，不仅能够确保工程质量、安全达标，同时可以提高工程的经济与社会效益。但是，当前形势下，建筑工程施工安全监理管理水平仍然有待提高。本节先对建筑工程施工安全监理的现状进行探讨，并进一步研究当前施工安全监理存在的问题与不足，接着指出了提高建筑工程施工安全监理水平的有效措施，以期对相关同行作参考。

随着我国城市建设进程的不断推进，建筑工程在城市建设中占有越来越重要的地位，其不仅关系着人民群众的日常生活水平，还与城市整体形象息息相关，由此可见，建筑工程在城市建设中发挥着巨大的作用。在目前我国的工程监理中，由于受到建筑市场不稳定因素的影响，法律法规没有得到改善，仍有许多问题需要解决。诸如，施工安全事故频发，施工单位安全管理体系不健全，管理制度、人员落不到实处，施工安全监理管理不到位。建筑行业需要研究和解决这些问题，以推动行业积极发展。要建立健全建筑工程施工安全监理服务标准与奖罚体系，不断提高监理人员的综合素养，确保监理行业的健康发展。

一、我国建筑工程施工安全监理的现状

首先，建筑行业的特殊之处在于其占用的人力资源较大。由于建筑业作为劳动密集型产业，其施工人员的管理难度较大。在建筑工程项目的施工阶段，分工非常复杂，工作量大，人员流动性大。这些问题进一步加剧了项目施工安全监理管理的难度。其次，在建筑工程项目施工过程中，对从业人员的施工技能具有较高的要求，同时要求具备相当的专业知识。此外，现在员工自身也有很多不足。由于项目所需的工人规模较大，施工单位无法做到针对每个人的详细情况进行了解掌握，造成施工人员水平颇有偏差。另一方面，未受过良好教育的工人倾向于使用非标准操作，这极大地影响了项目的施工安全管理，也给项目安全管理埋下了较大的安全事故隐患。第三，从根本上讲，施工单位的项目安全管理组织架构不健全不完善，将造成项目施工安全监理管理非常的困难。虽然我国目前的建筑业早已初具规模，并形成了基于建设工程承包的基本组织结构，但作为施工企业的管理层，在工程中尚未实施完善的组织结构，产生了重大的施工安全监理管理漏洞问题。

二、当前安全监理存在的问题与不足

（一）建筑施工安全的法律法规并不完善

建筑行业正在蓬勃发展。但是，现行的建筑安全法规已不能满足当前的施工条件。由于法律的滞后，越来越多的建设单位开始利用法律漏洞，如无证设计、无证施工、超限施工等屡有发生，给建筑工程施工带来严重的安全隐患。

（二）安全管理和监督体系不完善

在新形势下，工程总承包制度是建筑工程的一种常见形式。然而，大多数承包商还没有建立健全安全管理和监督体系，而只是注重缩短工期。这完全背离了安全建设的制度，在管理上存在着更多的安全风险。然而，一些建设单位虽然制定了安全管理办法，却没有实施和完善安全管理规定。因此，在现阶段，建筑工程施工现场的安全管理和监督体系仍不完善。

（三）施工人员素质不高，安全意识薄弱

一方面，建筑工人的教育水平普遍偏低，素质不高。他们仅略知自己在做什么，对建筑工程安全生产法律法规和设计要求没有清晰的理解。另一方面，施工单位或企业在施工前对建筑工人没有集中培训，导致建筑工人对工作的理解存在很大差距。所有这些都导致建筑工人缺乏安全意识。其中，建筑工程施工安全管理中消防

安全意识的缺失越来越严重。由于建筑工程一般工程量较大，施工周期长，许多施工单位加快进度，为了方便施工，部分施工人员直接住在施工现场。施工人员长期居住在施工现场，生活设施简单，有的布线已经老化，内部布线暴露；加上集中用电，电源压力高，容易擦生火花，引起火灾。此外，施工人员流动性大、素质参差不齐、安全意识薄弱、协调管理困难等都是造成施工过程中安全问题的潜在因素。此外，建设单位不十分重视"安全第一"的原则。一旦发生事故，相应的应急措施没有到位，施工人员无法启动。

（四）安全监管不到位，监管薄弱

建筑工程施工安全管理与安全监管密不可分。如果没有安全监管，将给施工过程带来非常严重的安全隐患，影响工程的施工安全。建设单位、监理单位和政府监督管理部门在建筑工程施工安全监督管理中发挥着重要作用。任何偏离或忽略这三个主题都将导致危机。首先，施工单位自身安全生产管理和措施不到位，为了跟上施工进度和降低成本，很多施工单位安全设施和设备没有配备到位，施工设备报检不到位，施工工人往往忽视安全和质量问题，工程监理不够严格，力度不够强，只关注形式，没有严格的制度去约束他们的行为。第二，监理单位的监督检查工作存在盲点。监理人员如果未经上级允许擅自离开，谋取个人利益和其他违规行为，将会对整个项目的施工安全管理造成严重的影响。最后，政府监管当局应该发挥应有的作用。目前仍然存在监管人员素质低、追求私利、监管不足等问题。这主要是由于政府监管机构的管理力度不够，责任制度尚未落实。这不仅延缓了项目的施工进度，也鼓励了一些监理人员抓住机遇，谋求私利，为项目后期可能发生的危机埋下了伏笔。第三，操作人员素质不高，缺乏社会责任感和安全意识，工作时马虎行事，匆忙决定，导致监管工作无法真正贯彻和落实，无法达到相应的标准，最后只会给施工带来很大的损失，给项目的质量造成很大的威胁，也造成经济损失，而且还会给施工带来安全隐患和不利影响。

三、提高建筑工程施工安全监理水平的有效措施

（一）加强安全立法，完善建筑工程的相关法律法规

国家应该完善建筑工程的安全生产法律法规，为参建单位和人员安全生产提供法律和制度保障。这不仅需要加强安全立法，弥补现有法律的不足。还应督促各参建单位建立安全管理体系，改善和优化组织结构的工作环境，必须从根本上解决安全问题。首先，施工单位作为建筑工程施工安全管理的责任主体，要加强对施工安全观的认识和教育。建设施工队的施工安全管理制度应当在单位内部建立，各部门、

各环节工作人员都必须参与,提高施工队伍和监督人员的积极性。其次,政府的执法部门应该:"执法必须严格,违法必须被起诉"。建设单位要严肃处理违纪违法行为。监管者必须依法办事,并定期对施工单位进行监督。发现施工方法不当,施工设备不合格,应当立即进行制止处理。根据项目建设的实际情况,立法部门应完善相关的施工安全法规和生产安全法规,为建筑工程施工安全管理提供法律保障。

（二）督促施工企业完善相关安全管理制度

监理应督促施工企业结合各自的实际情况,参考自身的专业设备配备水平、专业人员雇用数量等因素建设最符合自身的完善的安全管理体系。项目施工过程中施工安全管理组织结构的完善程度直接决定了项目施工安全管理体系的合理性,以及安全事故的出现频率。安全管理成效好坏直接取决于施工安全生产管理体系的完善程度,如果施工安全生产管理体系的完善程度不高,那么实际操作过程中诸多突发的意外因素便会直接影响到工程施工的安全程度。因此一个合理且完备的安全管理制度是建筑工程施工中不可或缺的后备支持。

（三）加强施工设备的安全监理管理

施工现场设备的安全性也是建筑工程施工安全管理中有待解决的问题之一。先进的设备直接影响项目的质量和进度,特别是建筑工程施工所需的大型设备必须严格控制和管理。建筑工程施工过程中应用的机械设备众多,如土方施工设备、吊装类施工设备、垂直运输施工设备等,其安全管理一直是施工安全管理中的一项重要环节。施工前和施工后,应进行检查和评估,以消除摇篮中潜在的安全隐患。在设备进入施工现场之前,安排专业安全检查员对设备进行评估,记录设备数据并归档;设备使用后,仍需对设备进行再次监测。当发现故障时,应及时报告维修,以确保设备在后期的顺利使用,不延误施工进度。此外,其他小型设备的安全性能也应定期监测,日常维护也是必不可少的,以逐一消除可避免的潜在安全危害。监理可以通过检查施工机械、设备安排是否合理、确保设备的投入数量以及使用周期,在确保设备利用率的同时,也应定期检查机械设备的定期维护保养情况,确保机械设备的使用安全性,如若工程时间紧急,检修工作也可在施工间隙完成。

（四）加强施工管理人员的监理管理

增强施工管理人员安全施工的责任感,可以有效地避免建筑工程施工中出现的安全问题。对施工人员进行管理的第一步便是人员筛选以及合理分配问题,人员挑选期间应首先将患有高血压、心脏病、恐高症等病症的人员排除出一线作业人员的候选名单。监理应督促施工企业与固定医疗企业合作，定期为从业人员安排体质检查，避免工程作业期间出现施工人员发病的现象。建立触碰安全生产高压线的检查处罚制度，安全生产培训与处罚并行。住建部37号令、31号文这个文件各部门都引起了极大的重视。督促施工企业对已雇佣的施工人员进行安全知识培训，并在公告栏张贴安全知识宣传页、定期组织安全知识宣传会议，确保一线操作人员具有一定的安全知识储备，并在突发情况下可以进行一定的应急处理以及自我保护措施。在特种人员招收时应确保其具有专业的从业资格证书，对工程负责的同时也是对从业人员的负责。结合工程建设安全生产法律法规，重点对典型安全事故进行分析，并对其教训进行整体论述，以深化公众的安全意识。

（五）建立安全生产长期意识，杜绝麻痹思想出现

首先，安全生产管理工作是一项持续性的工作，只有起点，没有终点。对于某些工序，是一个循环的工程，需要长期坚持，常抓不懈，不断完善。其次安全生产管理需要主动出击，预防在前，不能被动接受。

（六）监理人员发现施工现场存在较大安全事故隐患时，要立即制止，及时上报安全生产管理情况

项目监理人员在实施监理过程中，如果看见施工人员不带安全帽进入工地，施工违规操作等应立即制止；如发现工程施工存在安全事故隐患时，应签发监理通知单，要求施工单位进行整改，情况严重时，应签发工程暂停令，并及时报告建设单位，如施工单位拒不整改或不暂停施工时，项目监理机构应及时向有关主管部门报送监理报告。

综上所述，社会经济与科学技术的发展对建筑工程施工行业提供了发展机遇，尽管当前国家在施工技术方面已经取得一定的成就与发展，但是仍然在建筑工程施工安全监理管理方面存在一些弊端，给建筑工程施工安全管理造成了不良影响，近几年来由于施工单位安全管理体系不健全、制度不完善、管理不到位及监理单位在施工安全管理方面履职不到位而发生安全事故的事件时有发生。由于工程监理已经对建筑方面的发展与升级形成了很大的影响。所以如何提高建筑工程施工安全监理水平已经成为了建筑工程施工安全管理必须面对并完善的重要问题。

第六节　建筑工程施工安全综述

建筑工程项目往往有着单一性、流动性、密集性、多专业协调的特征，其作业环境比较局限，难度较大，且施工现场存在着诸多不确定性因素，容易发生安全事故。在

这个背景下，为了保障建筑安全生产，应将更多精力放在建筑工程施工安全管理上。下面，将先分析建筑工程施工安全事故诱因，再详细阐述相关安全管理策略，旨在打造一个安全施工环境，保证施工安全。

一、建筑工程施工安全事故诱因分析

建筑工程施工安全事故诱因主要体现于几个方面：(1)人为因素。人为失误所引起的不安全行为原因主要有生理、教育、心理、环境因素。从生理方面来看，当一个人带病上班或者有耳鸣等生理缺陷，极易产生失误行为。从心理方面来看，当一个人有自负、惰性、行为草率等心理问题，会在工作中频繁出现失误情况，最终诱发施工安全事故。(2)物的因素，其主要体现于当物处于一种非安全状态，会发生高空坠落不安全情况。如钢筋混凝土高空坠落、机器设备高空坠落等等，都是安全事故的重要体现。(3)环境因素。即在特大雨雪等恶劣环境下施工，无形中会增大安全事故发生可能性。

二、建筑工程施工安全管理对策

（一）加强施工安全文化管理

在建筑工程施工期间，要积极普及施工安全文化，加强施工安全文化建设。施工安全文化，包括了基础安全文化和专业安全文化，应在文化传播过程中采取多种宣传方式。如在公司大厅放置一台电视机，用来传播"态度决定一切，细节决定成败""合格的员工从严格遵守开始"等企业安全文化口号。在安全文化宣传期间，还可制定一个文化墙，用来展示公司简介、发展理念、"施工安全典范标榜人物""安全培训专栏"等，向全员普及施工安全文化，管理好建筑工程施工安全问题。而对于施工安全文化的建设，要切实做好培育工作，帮助每一位施工人员树立起良好的安全价值观、安全生产观，从根本上解决人的问题。同时，在企业安全文化建设期间，要提醒施工人员时刻约束自己的建筑生产安全不良状态，谨记"安全第一"。另外，要依据企业发展战略，建设安全文件，让施工人员在有章可循基础上积极调整自己的工作状态，避免出现工作失误情况影响施工安全。

（二）加强施工安全生产教育

在建筑工程施工中，安全生产教育十分紧迫，可有效控制不安全行为，降低安全事故发生概率。对于安全生产教育，要将安全思想教育、安全技术教育作为重点教育内容。其中，在安全思想教育阶段，应面向全体施工人员，向他们讲授建筑法律法规、生产纪律等理论知识。同时，选择一些比较典型的安全生产安全事故案例，警醒施工人员约束自己的违章作业和违章指挥行为，让施工人员真正了解到不安全行为所带来的严重影响。在安全技术教育阶段，要积极针对施工人员技术操作进行再培训。包括混凝土施工技术、模板工程施工技术、建筑防水施工技术、爆破工程施工技术等等，提高施工人员技术水平，减少技术操作失误可能性。在施工安全生产教育活动中，还要注意提高施工人员安全生产素质。因部分施工人员来自农村务工人员，他们整体素质较低，缺少施工经验。针对这一种情况，要加大对这一类施工人员的安全生产教育，提高他们安全意识。同时，要定期组织形式不同的安全生产教育活动，且不定期考察全体人员安全生产素质表现，有效改善施工安全问题。在施工安全生产教育活动中，也要对管理人员安全管理水平进行系统化培训，确保他们能够落实好施工中新工艺、新技术等的安全管理。

（三）加强施工安全体系完善

为了解决建筑工程施工中相关安全问题，要注意完善施工安全体系。对于施工安全体系的完善，应把握好几个要点问题：(1)要围绕"安全第一，预防为主"这个指导方针，鼓励施工单位、建设单位、勘察设计单位、工程监理单位、分包单位全员参与施工安全体系的编制，以"零事故"为目标，合作完成施工安全体系内容的制定，共同执行安全管理制度，向"重安全、重效率"方向转变。(2)要在保证全员参与体系内容制定基础上，逐一明确体系中总则、安全管理方针、目标、安全组织机构、安全资质、安全生产责任制、项目生产管理各项细则。其中，在项目生产管理体系中，要逐一完善安全生产教育培训管理制度、项目安全检查制度、安全事故处理报告制度、安全技术交底制度等。在项目安全检查制度中，明确要求应按照制度规定对制度落实、机械设备、施工现场等事故隐患进行全方位检查，避免人的因素、环境因素、物的因素所引起的安全问题。同时，明确规定要每月举行一次安全排查活动，主要负责对技术、施工等方面的安全问题进行排查，一旦发现问题所在，立即下达安全监察通知书，实现对施工安全问题的实时监督，及时整改安全技术等方面问题。在安全技术交底技术中，要明确规定必须进行新工艺、新技术、设备安装等的技术交底。

综上所述，人为因素、物的因素、环境因素会导致建筑工程施工安全事故，为降低这些因素所带来的影响，保证建筑工程施工安全，要做好施工安全文化管理工作，积极宣传施工安全文化概念和内涵，加强安全文化建设。同时，要做好施工安全生产方面的教育工作，要注意组织施工单位、建设单位、勘察设计单位、工程监理单位合作构建施工安全管理体系，高效控制施工中安全问题。

第五章 建筑工程施工技术实践应用研究

第一节 建筑智能化中 BIM 技术的应用

BIM 是指建筑信息模型，利用信息化的手段围绕建筑工程构建结构模型，缓解建筑结构的设计压力。现阶段建筑智能化的发展中，BIM 技术得到了充分的应用，BIM 技术向智能建筑提供了优质的建筑信息模型，优化了建筑工程的智能化建设。由此，本节主要分析 BIM 技术在建筑智能化中的相关应用。

我国建筑工程朝向智能化的方向发展，智能建筑成为建筑行业的主流趋势，为了提高建筑智能化的水平，在智能建筑施工中引入了 BIM 技术，专门利用 BIM 技术的信息化，完善建筑智能化的施工环境。BIM 技术可以根据建筑智能化的要求实行信息化模型的控制，在模型中调整建筑智能化的建设方法，促使建筑智能化施工方案能够符合实际情况的需求。

一、建筑智能化中BIM技术特征

分析建筑智能化中 BIM 技术的特征表现，如：

（1）可视化特征，BIM 构成的建筑信息模型在建筑智能化中具有可视化的表现，围绕建筑模拟了三维立体图形，促使工作人员在可视化的条件下能够处理智能建筑中的各项操作，强化建筑施工的控制；

（2）协调性特征，智能建筑中涉及到很多模块，如土建、装修等，在智能建筑中采用 BIM 技术，实现各项模块之间的协调性，以免建筑工程中出现不协调的情况，同时还能预防建筑施工进度上出现问题；

（3）优化性特征，智能建筑中的 BIM 具有优化性的特征，BIM 模型中提供了完整的建筑信息，优化了智能建筑的设计、施工，简化智能建筑的施工操作。

二、建筑智能化中BIM技术应用

结合建筑智能化的发展，分析 BIM 技术的应用，主要从以下几个方面分析 BIM 在智能建筑工程中的应用。

（一）设计应用

BIM技术在智能建筑的设计阶段，首先构建了BIM平台，在BIM平台中具备智能建筑设计时可用的数据库，由设计人员到智能建筑的施工现场实行勘察，收集与智能建筑相关的数值，之后把数据输入到BIM平台的数据库内，此时安排BIM建模工作，利用BIM的建模功能，根据现场勘察的真实数据，在设计阶段构建出符合建筑实况的立体模型，设计人员在模型中完成各项智能建筑的设计工作，而且模型中可以评估设计方案是否符合智能建筑的实际情况。BIM平台数据库的应用，在智能建筑设计阶段提供了信息传递的途径，拉近了不同模块设计人员的距离，避免出现信息交流不畅的情况，以便实现设计人员之间的协同作业。例如：智能建筑中涉及到弱电系统、强电系统等，建筑中安装的智能设备较多，此时就可以通过BIM平台展示设计模型，数据库内写入了与该方案相关的数据信息，直接在BIM中调整模型弱电、强度以及智能设备的设计方式，促使智能建筑的各项系统功能均可达到规范的标准。

（二）施工应用

建筑智能化的施工过程中，工程本身会受到多种因素的干扰，增加了建筑施工的压力。现阶段建筑智能化的发展过程中，建筑体系表现出大规模、复杂化的特征，在智能建筑施工中引起了效率偏低的情况，再加上智能建筑的多功能要求，更是增加了建筑施工的困难度。智能建筑施工时采用了BIM技术，其可改变传统施工建设的方法，更加注重施工现场的资源配置。以某高层智能办公楼为例，分析BIM技术在施工阶段中的应用，该高层智能办公楼集成了娱乐、餐饮、办公、商务等多种功能，共计32层楼，属于典型的智能建筑，该建筑施工时采用BIM技术，根据智能建筑的实际情况规划好资源的配置，合理分配施工中材料、设备、人力等资源的分配，而且BIM技术还能根据天气状况调整建筑的施工工艺，该案例施工中期有强降水，为了避免影响混凝土的浇筑，利用BIM模型调整了混凝土的浇筑工期，BIM技术在该案例中非常注重施工时间的安排，在时间节点上匹配好施工工艺，案例中BIM模型专门为建筑施工提供了可视化的操作，也就是利用可视化技术营造可视化的条件，提前观察智能办公楼的施工效果，直观反馈出施工的状态，进而在此基础上规划好智能办公楼施工中的工艺、工序，合理分配施工内容，BIM在该案例中提供实时监控的条件，在智能办公楼的整个工期内安排全方位的监控，避免建筑施工时出现技术问题。

（三）运营应用

BIM技术在建筑智能化的运营阶段也起到了关键的作用，智能建筑竣工后会进入运营阶段，分析BIM在智能建筑运营阶段中的应用，维护智能建筑运营的稳定性。本节主要以智能建筑中的弱电系统为例，分析BIM技术在建筑运营中的应用。弱电系统竣工后，运营单位会把弱电系统的后期维护工作交由施工单位，此时弱电系统的运营单位无法准确的了解具体的运行，导致大量的维护资料丢失，运营中采用BIM技术实现了参数信息的互通，即使施工人员维护弱电系统的后期运行，运营人员也能在BIM平台中了解参数信息，同时BIM中专门建立了弱电系统的运营模型，采用立体化的模型直观显示运维数据，匹配好弱电系统的数据与资料，辅助提高后期运维的水平。

三、建筑智能化中BIM技术发展

BIM技术在建筑智能化中的发展，应该积极引入信息化技术，实现BIM技术与信息化技术的相互融合，确保BIM技术能够应用到智能建筑的各个方面。现阶段BIM技术已经得到了充分的应用，在智能化建筑的应用中需要做好BIM技术的发展工作，深化BIM技术的实践应用，满足建筑智能化的需求。信息化技术是BIM的基础支持，在未来发展中规划好信息化技术，推进BIM在建筑智能化中的发展。

建筑智能化中BIM技术特征明显，规划好BIM技术在建筑智能化中的应用，同时推进BIM技术的发展，促使BIM技术能够满足建筑工程智能化的发展。BIM技术在建筑智能化中具有重要的作用，推进了建筑智能化的发展，最重要的是BIM技术辅助建筑工程实现了智能化，加强现代智能化建筑施工的控制。

第二节 绿色建筑体系中建筑智能化的应用

由于我国社会经济的持续增长，绿色建筑体系逐渐走进人们视野，在绿色建筑体系当中，通过合理应用建筑智能化，不但能够保证建筑体系结构完整，其各项功能得到充分发挥，为居民提供一个更加优美、舒适的生活空间。鉴于此，本节主要分析建筑智能化在绿色建筑体系当中的具体应用。

一、绿色建筑体系中科学应用建筑智能化的重要性

建筑智能化并没有一个明确的定义，美国研究学者指出，所谓建筑智能化，主要指的是在满足建筑结构要求的前提之下，对建筑体系内部结构进行科学优化，为居民提

供一个更加便利、宽松的生活环境。而欧盟则认为智能化建筑是对建筑内部资源的高效管理,在不断降低建筑体系施工与维护成本的基础之上,用户能够更好的享受服务。国际智能工程学会则认为:建筑智能化能够满足用户安全、舒适的居住需求,与普通建筑工程相比,给类建筑的灵活性较强。我国研究人员对建筑智能化的定位是施工设备的智能化,将施工设备管理与施工管理进行有效结合,真正实现以人为本的目标。

由于我国居民生活水平的不断提升,绿色建筑得到了大规模的发展,在绿色建筑体系当中,通过妥善应用建筑智能化技术,能够有效提升绿色建筑体系的安全性能与舒适性能,真正达到节约资源的目标,对建筑周围的生态环境起到良好改善作用。结合《绿色建筑评价标准》(GB/T50328-2014)中的有关规定能够得知,通过大力发展绿色建筑体系,能够让居民与自然环境和谐相处,保证建筑的使用空间得到更好利用。

二、绿色建筑体系的特点

(一)节能性

与普通建筑相比,绿色建筑体系的节能性更加明显,能够保证建筑工程中的各项能源真正实现循环利用。例如,在某大型绿色建筑工程当中,设计人员通过将垃圾进行分类处理,能够保证生活废物得到高效处理,减少生活污染物的排放量。由于绿色建筑结构比较简单,居民的活动空间变得越来越大,建筑可利用空间的不断加大,有效提升了人们的居住质量。

(二)经济性

绿色建筑体系具有经济性特点,由于绿色建筑内部的各项设施比较完善,能够全面满足居民的生活、娱乐需求,促进居民之间的和谐沟通。为了保证太阳能的合理利用,有关设计人员结合绿色建筑体系特点,制定了合理的节水、节能应急预案,并结合绿色建筑体系运行过程中时常出现的问题,制定了相应的解决对策,在提升绿色建筑体系可靠性的同时,充分发挥该类建筑工程的各项功能,使得绿色建筑体系的经济性能得到更好体现。

三、绿色建筑体系中建筑智能化的具体应用

(一)工程概况

某项目地上34层为住宅楼,地下两层为停车室,总建筑面积为12365.95m2,占地面积为1685.32m2。在该建筑工程当中,通过合理应用建筑智能化理念,能够有效

提高建筑内部空间的使用效果,进一步满足人们的居住需求。绿色建筑工程设计人员在实际工作当中,要运用"绿色"理念,"智能"手段,对绿色建筑体系进行合理规划,并认真遵守《绿色建筑技术导则》中的有关规定,不断提高绿色建筑的安全性能与可靠性能。

(二)设计阶段建筑智能化的应用

在绿色建筑设计阶段,设计人员要明确绿色建筑体系的设计要求,对室内环境与室外环境进行合理优化,节约大量的水资源、材料资源,进一步提升绿色建筑室内环境质量。在设计室外环境的过程当中,可以栽种适应力较强、生长速度快的树木,并采用无公害病虫害防治技术,不断规范杀虫剂与除草剂的使用量,防止杀虫剂与除草剂对土壤与地下水环境产生严重危害。为了进一步提升绿色建筑体系结构的完整性,社区物业部门需要建立相应的化学药品管理责任制度,并准确记录下树木病虫害防治药品的使用情况,定期引进生物制剂与仿生制剂等先进的无公害防治技术。

除此之外,设计人员还要根据该地区的地形地貌,对原有的工程设计方案进行优化,并不断减小工程施工对周围环境产生的影响,特别是水体与植被的影响等。设计人员还要考虑工程施工对周围地形地貌、水体与植被的影响,并在工程施工结束之后,及时采用生态复原措施,保证原场地环境更加完整。设计人员还要结合该地区的土壤条件,对其进行生态化处理,针对施工现场中可能出现的污染水体,采取先进的净化措施进行处理,在提升污染水体净化效果的同时,真正实现水资源的循环利用。

(三)施工阶段建筑智能化的应用

在绿色建筑工程施工阶段,通过应用建筑智能化技术,能够有效降低生态环境负荷,对该地区的水文环境起到良好地保护作用,真正实现提升各项能源利用效率、减少水资源浪费的目标。建筑智能化技术的应用,主要体现在工程管理方面,施工管理人员通过利用信息技术,将工程中的各项信息进行收集与汇总,在这个过程当中,如果出现错误的施工信息,软件能够准确识别错误信息,更好的减轻了施工管理人员的工作负担。

在该绿色建筑工程项目当中,施工人员进行海绵城市建设,其建筑规模如下:①在小区当中的停车位位置铺装透水材料,主要包括非机动车位与机动车位,防止地表雨水的流失。②合理设置下凹式绿地,该下凹式绿地占地面地下室顶板绿地的90%,具有较好的调节储蓄功能。③该工程项目设置屋顶绿化698.25m2,剩余的屋面则布置太阳能设备,通过在屋顶布设合理的绿化,能够有效减少热岛效应的出现，不断减少雨水的地表径流量，对绿色建筑工程项目的使用环境起到良好的美化作用。

（四）运行阶段建筑智能化的应用

在绿色建筑工程项目运行与维护阶段，建筑智能化技术的合理应用，能够保证项目中的网络管理系统更加稳定运行，真正实现资源、消耗品与绿色的高效管理。所谓网络管理系统，能够对工程项目中的各项能耗与环境质量进行全面监管，保证小区物业管理水平与效率得到全面提升。在该绿色建筑工程项目当中，施工人员最好不采用电直接加热设备作为供暖控台系统，要对原有的采暖与空调系统冷热源进行科学改进，并结合该地区的气候特点、建筑项目的负荷特性，选择相应的热源形式。该绿色建筑工程项目中采用集中空调供暖设备，拟采用2台螺杆式水冷冷水机组，机组制冷量为1160kW左右。

综上所述，通过详细介绍建筑智能化技术在绿色建筑体系设计阶段、施工阶段、运行阶段的应用要点，能够帮助有关人员更好的了解建筑智能化技术的应用流程，对绿色建筑体系的稳定发展起到良好推动作用。对于绿色建筑工程项目中的设计人员而言，要主动学习先进的建筑智能化技术，不断提高自身的智能化管理能力，保证建筑智能化在绿色建筑体系中得到更好运用。

第三节 建筑电气与智能化建筑的发展和应用

智能化建筑在当前建筑行业中越来越常见，对于智能化建筑的构建和运营而言，建筑电气系统需要引起高度关注，只有确保所有建筑电气系统能够稳定有序运行，进而才能够更好保障智能化建筑应有功能的表达。基于此，针对建筑电气与智能化建筑的应用予以深入探究，成为未来智能化建筑发展的重要方向，本节就首先介绍了现阶段建筑电气和智能化建筑的发展状况，然后又具体探讨了建筑电气智能化系统的应用，以供参考。

现阶段智能化建筑的发展越来越受重视，为了进一步凸显智能化建筑的应用效益，提升智能化建筑的功能价值，必然需要重点围绕着智能化建筑的电气系统进行优化布置，以求形成更为协调有序的整体运行效果。在建筑电气和智能化建筑的发展中，当前受重视程度越来越高，尤其是伴随着各类先进技术手段的创新应用，建筑智能化电气系统的运行同样也越来越高效。但是针对建筑电气和智能化建筑的具体应用方式和要点依然有待于进一步探究。

一、建筑电气和智能化建筑的发展

当前建筑行业的发展速度越来越快，不仅仅表现在施工技术的创新优化上，往往还和建筑工程项目中引入的大量先进技术和设备有关，尤其是对于智能化建筑的构建，更是在实际应用中表现出了较强的作用价值。对于智能化建筑的构建和实际应用而言，其往往表现出了多方面优势，比如可以更大程度上满足用户的需求，体现更强的人性化理念，在节能环保以及安全保障方面同样也具备更强作用，成为未来建筑行业发展的重要方向。在智能化建筑施工构建中，各类电气设备的应用成为重中之重，只有确保所有电气设备能够稳定有序运行，进而才能够满足应有功能。基于此，建筑电气和智能化建筑的协同发展应该引起高度关注，以求促使智能化建筑可以表现出更强的应用价值。

在建筑电气和智能化建筑的协同发展中，智能化建筑电气理念成为关键发展点，也是未来我国住宅优化发展的方向，有助于确保所有住宅内电气设备的稳定可靠运行。当然，伴随着建筑物内部电气设备的不断增多，相应智能化建筑电气系统的构建难度同样也比较大，对于设计以及施工布线等都提出了更高要求。同时，对于智能化建筑电气系统中涉及到的所有电气设备以及管线材料也应该加大关注力度，以求更好维系整个智能化建筑电气系统的稳定运行，这也是未来发展和优化的重要关注点。

从现阶段建筑电气和智能化建筑的发展需求上来看，首先应该关注以人为本的理念，要求相应智能化建筑电气系统的运行可以较好符合人们提出的多方面要求，尤其是需要注重为建筑物居住者营造较为舒适的室内环境，可以更好提升建筑物居住质量；其次，在智能化建筑电气系统的构建和运行中还需要充分考虑到节能需求，这也是开发该系统的重要目标，需要促使其能够充分节约以往建筑电气系统运行中不必要的能源消耗，在更为节能的前提下提升建筑物运行价值；最后，建筑电气和智能化建筑的优化发展还需要充分关注于建筑物的安全性，能够切实围绕着相应系统的安全防护功能予以优化，确保安全监管更为全面，同时能够借助于自动控制手段形成全方位保护，进一步提升智能化建筑应用价值。

二、建筑电气与智能化建筑的应用

（一）智能化电气照明系统

在智能化建筑构建中，电气照明系统作为必不可少的重要组成部分应该予以高度关注，确保电气照明系统的运用能够体现出较强的智能化特点，可以在照明系统能耗损失控制以及照明效果优化等方面发挥积极作用。电气照明系统虽然在长期运行下并不会需要大量的电能，但是同样也会出现明显的能耗损失，以往照明系统中往往有15%左右的电力能源被浪费，这也就成为建筑电气和智能化建筑优化应用的重要着眼点。针对整个电气照明系统进行智能化处理需要首先考虑到照明系统的调节和控制，在选定高质量灯源的前提下，借助于恰当灵活的调控系统，实现照明强度的实时控制，如此也就可以更好满足居住者的照明需求，同时还有助于规避不必要的电力能源损耗。虽然电气照明系统的智能化控制相对简单，但是同样也涉及到了较多的控制单元和功能需求，比如时间控制、亮度记忆控制、调光控制以及软启动控制等，都需要灵活运用到建筑电气照明系统中，同时借助于集中控制和现场控制，实现对于智能化电气照明系统的优化管控，以便更好提升其运行效果。

（二）BAS线路

建筑电气和智能化建筑的具体应用还需要重点考虑到BAS线路的合理布设，确保整个BAS运行更为顺畅高效，避免在任何环节中出现严重隐患问题。在BAS线路布设中，首先应该考虑到各类不同线路的选用需求，比如通信线路、流量计线路以及各类传感器线路，都需要选用屏蔽线进行布设，甚至需要采取相应产品制造商提供的专门导线，以避免在后续运行中出现运行不畅现象。在BAS线路布设中还需要充分考虑到弱电系统相关联的各类线路连接需求，确保这些线路的布设更为合理，尤其是对于大量电子设备的协调运行要求，更是应该借助于恰当的线路布设予以满足。另外，为了更好确保弱电系统以及相关设备的安全稳定运行，往往还需要切实围绕着接地线路进行严格把关，确保各方面的接地处理都可以得到规范执行，除了传统的保护接地，还需要关注于弱电系统提出的屏蔽接地以及信号接地等高要求，对于该方面线路电阻进行准确把关，避免出现接地功能受损问题。

（三）弱电系统和强电系统的协调配合

在建筑电气与智能化建筑构建应用中，弱电系统和强电系统之间的协调配合同样也应该引起高度重视，避免因为两者间存在的明显不一致问题，影响到后续各类电气设备的运行状态。在智能化建筑中做好弱电系统和强电系统的协调配合往往还需要首先分析两者间的相互作用机制，对于强电系统中涉及到的各类电气设备进行充分研究，探讨如何借助于弱电系统予以调控管理，以促使其可以发挥出理想的作用价值。比如在智能化建筑中进行空调系统的构建，就需要重点关注于空调设备和相关监控系统的协调配合，促使空调系统不仅仅可以稳定运行，还能够有效借助于温度传感器以及湿度传感器进行实时调控,以便空调设备可以更好服务于室内环境,确保智能化建筑的应用价值得到进一步提升。

（四）系统集成

对于建筑电气与智能化建筑的应用而言,因为其弱电系统相对较为复杂,往往包含多个子系统,如此也就必然需要重点围绕着这些弱电项目子系统进行有效集成,确保智能化建筑运行更为高效稳定。基于此,为了更好促使智能化建筑中涉及到的所有信息都能够得到有效共享,应该首先关注于各个弱电子系统之间的协调性,尽量避免相互之间存在明显冲突。当前智能楼宇集成水平越来越高,但是同样也存在着一些缺陷,有待于进一步优化完善。

在当前建筑电气与智能化建筑的发展中,为了更好提升其应用价值,往往需要重点围绕着智能化建筑电气系统的各个组成部分进行全方位分析,以求形成更为完整协调的运行机制,切实优化智能化建筑应用价值。

第四节　建筑智能化系统集成设计与应用

随着社会不断进步,建筑的使用功能获得极大丰富,从开始单纯为人们遮风挡雨,到现在协助人们完成各项生活、生产活动,其数字化水平、信息化程度和安全系数受到了人们的广泛关注。

由此可以看出,建筑智能化必将成为时代发展的趋势和方向。如今,集成系统在建筑的智能化建设中得到了广泛应用,引起了建筑质的变化。

一、现代建筑智能化发展现状

科学技术的进步推动了建筑行业的改革与发展。近年来,我国的智能化建筑领域呈现出良好的发展态势,并且其在设计、结构、使用等方面与传统建筑相互有着明显的差别,因此备受人们的关注。

如今,我们已经进入了网络时代,建筑建设也逐渐向集成化和科学化方向发展。智能建筑全部采用现代技术,并将一系列信息化设备应用到建筑设计和实际施工中,使智能建筑具有强大的实用性功能,进而为人们的生产生活提供更为优质的服务。

现阶段,各个国家对智能建筑均持不同的意见与看法,我国针对智能建筑也颁布了一系列的政策与标准。总的来说,智能建筑发展必须以信息集成技术为支撑,而如何实现系统集成技术在智能建筑中的良好应用,提高用户的使用体验就成了建筑行业亟需研究的问题。

二、建筑智能化系统集成目标

建筑智能化系统的建立，首先需要确定集成目标，而目标是否科学合理，对建筑智能化系统的建立具有决定性意义。在具体施工中，经常会出现目标评价标准不统一，或是目标不明确的情况，进而导致承包方与业主出现严重的分歧，甚至出现工程返工的情况，这造成了施工时间与资源的大量浪费，给承包方造成了大量的经济损失，同时业主的居住体验和系统性能价格比也会直线下降，并且业主的投资也未能得到相应的回报。

建筑智能化系统集成目标要充分体现操作性、方向性和及物性的特点。其中，操作性是决策活动中提出的控制策略，能够影响与目标相关的事件，促使其向目标方向靠拢。方向性是目标对相关事件的未来活动进行引导，实现策略的合理选择。及物性是指与目标相关或是目标能直接涉及的一些事件，并为决策提供依据。

三、建筑智能化系统集成的设计与实现

（一）硬接点方式

如今，智能建筑中包含许多的系统方式，简单的就是在某一系统设备中通过增加该系统的输入接点、输出接点和传感器，再将其接入另外一个系统的输入接点和输出接点来进行集成，向人们传递简单的开关信号。该方式得到了人们的广泛应用，尤其在需要传输紧急、简单的信号系统中最为常用，如报警信号等。硬接点方式不仅能够有效降低施工成本，而且为系统的可靠性和稳定性提供保障。

（二）串行通信方式

串行通信方式是一种通过硬件来进行各子系统连接的方式，是目前较为常用的手段之一。其较硬接点方式来说成本更低，且大多数建设者也能够依靠自身技能来实现该方式的应用。通过应用串行通信的方式，可以对现有设备进行改进和升级，并使其具备集成功能。该方式是在现场控制器上增加串行通信接口，通过串行通信接口与其他系统进行通信，但该方式需要根据使用者的具体需求来展开研发，针对性很强。同时其需要通过串行通信协议转换的方式来进行信息的采集，通信速率较低。

（三）计算机网络

计算机是实现建筑智能化系统集成的重要媒介。近几年来，计算机技术得到了

迅猛的发展与进步,给人们的生产生活带来了极大的便利。建筑智能化系统生产厂商要将计算机技术充分利用起来,设计满足客户需求的智能化集成系统,例如保安监控系统、消防报警、楼宇自控等,将其通过网络技术进行连接,达到系统间互相传递信息的作用。通过应用计算机技术和网络技术,减少了相关设备的大量使用,并实现了资源共享,充分体现了现代系统集成的发展与进步,并且在信息速度和信息量上均体现出了显著的优势。

(四)OPC技术

OPC技术是一种新型的具有开放性的技术集成方式,若说计算机网络系统集成是系统的内部联系,那么OPC技术是更大范围的外部联系。通过应用计算机技术,能够促进各个商家间的联系,而通过构建开放式系统,例如围绕楼宇控制系统,能够促使各个商家、建筑的子系统按照统一的发展方式和标准,通过网络管理、协议的方式为集成系统提供相应的数据,时刻做到标准化管理。同时,通过应用OPC技术,还能将不同供应商所提供的应用程序、服务程序和驱动程序做集成处理,使供应商、用户均能在OPC技术中感受到其带来的便捷。此外,OPC技术还能作为不同服务器与客户的连接桥梁,为两者建立一种即插即用的链接关系,并显示出其简单性和规范性的特点。在此过程中,开发商无需投入大量的资金与精力来开发各硬件系统,只需开发一个科学完善的OPC服务器,即可实现标准化服务。由此可见,基于标准化网络,将楼宇自控系统作为核心的集成模式,具有性能优良、经济实用的特点,值得广为推荐。

四、建筑智能化系统集成的具体应用

(一)设备自动化系统的应用

实现建筑设备的自动化、智能化发展,为建筑智能化提供了强大的发展动力。所谓的设备自动化就是指实现建筑对内部安保设备、消防设备和机电设备等的自动化管理,如照明、排水、电梯和消防等相关的大型机电设备。相关管理人员必须要对这些设备进行定期检查和保养,保障其正常运行。实现设备系统的自动化,大大提高了建筑设备的使用性能,并保障了设备的可靠性和安全性,对提升建筑的使用功能和安全性能起到了关键的作用。

(二)办公自动化系统的应用

通过办公自动化系统的有效应用,能够大大提高办公质量与效率,并极大地改善办公环境，避免出现人工失误，进而及时、高效地完成相应的工作任务。办公自动化系统通过借助先进的办公技术和设备，对信息进行加工、处理、储存和传输，较纸质档案来说更为牢靠和安全，并大大节省了办公的空间，降低了成本投入。同时，对于数据处理问题，通过应用先进的办公技术，使信息加工更为准确和快捷。

（三）现场控制总线网络的应用

现场控制总线网络是一种标准的开放的控制系统，能够对各子系统数据库中的监控模块进行信息、数据的采集，并对各监控子系统进行联动控制，主要通过OPC技术、COM/DCOM技术等标准的通信协议来实现。建筑的监控系统管理人员可利用各子系统来进行工作站的控制，监视和控制各子系统的设备运行情况和监控点报警情况，并实时查询历史数据信息，同时进行历史数据信息的储存和打印，再设定和修改监控点的属性、时间和事件的相应程序，并干预控制设备的手动操作。此外，对各系统的现场控制总线网络与各智能化子系统的以太网还应设置相关的管理机制，保证系统操作和网络的安全管理。

综上所述，建筑智能化系统集成是一项重要的科技创新，极大地满足了人们对智能建筑的需求，让人们充分体会到了智能化所带来的便捷与安全。同时，建筑智能化也对社会经济的发展起到了一定的促进作用。如今，智能化已经体现在生产生活的各个方面，并成为未来的重要发展趋势，对此，国家应大力推动建筑智能化系统集成的发展，为人们营造良好的生活与工作环境，促进社会和谐与稳定。

第五节　信息技术在建筑智能化建设中的应用

我国经济的高速发展及信息化社会、工业化进程的不断推进，使我国各地在一定限度上涌现出了投资额度不一、建设类型不一的诸多大型建筑工程项目，而面对体量较大的建筑工程主体管理工作，若不采用高效的科学的管理工具进行辅助，就会在极大限度上直接加大管理工作人员工作难度，甚至会给建筑工程项目建设带来不必要的负面影响。

信息技术的不断发展和应用，给传统的建筑管理工作带来了不可估量的影响，借助信息技术的不断应用，建筑主体智能化管理、视频监控管理、照明系统管理等现代信息技术的不断应用，借助对系统数据信息的深度挖掘和分析，实现了对建筑主体的自动化管控，为我国智能建筑市场优势的打造奠定了坚实的基础。

一、项目概况

为进一步探究信息技术在建筑智能化建设中的广泛应用,本节以某综合性三级甲等医院为主要研究对象,探究了该三甲医院门急诊病房的综合楼项目建设工程。

进一步分析该建设工程项目可知,该项目主要由住院病区、门诊区、急诊区、医疗技术区、中心供应区、后勤服务区和地下停车场区等重要部分组成,地面面积总共为 5.1 万 m2,总建筑面积为 23.8 万 m2。

该三甲医院门诊急诊病房综合楼工程项目建设设计门诊量为 6 000 人 /d,实际急诊量为 800 人 /d,实际拥有病床 1 700 个,共拥有手术室 82 间。

二、建筑智能化系统架构

随着现代社会人们物质生活水平的普遍提高和信息化技术、数字化技术、智能化技术的不断进步与发展,医疗服务的数字化水平、自动化水平和智能化水平逐步普及,建筑智能化系统在医疗建筑工程项目领域中的应用愈加广泛,在较大限度上直接加大了智能化建设项目成本的压力。因此,为了尽可能地强化建筑智能化设计,考虑用户核心需要、使用需求、管理模式、建设资金等多方面综合情况,进而对建筑智能化系统的相关功能、规模配置以及系统标准等方面进行综合考量,达到标准合格、功能齐全、社会效益和经济效益的最大化平衡,为人民生活谋取最大化福利。

三、系统集成技术应用

(一)系统集成原理

在利用信息化技术对建筑工程项目进行智能化建设和管理时,相关工作人员应严格按照建筑智能化工程项目建设规划及管理规划,在使用信息技术工具及其软件系统等多样化方式的基础上,增强对建筑工程项目的智能化系统集成。例如,在闵行区标准化考场视频巡查系统的改扩建项目中,工作人员首先应借助相关软件实现对工程项目建设硬件设备数据的采集、存储、整理和分析,进而通过相应信息软件对相关硬件设备的数据进行优化控制与管理。在此过程中,必须密切关注硬件设备与系统软件之间的天然差异所带来的数据交互以及数据处理的困难,根据所建设工程项目的实际标准选取更加恰当和适宜的过程控制标准,尽可能地选择由 OPC 基金会所制定的工业过程控制 OPC 标准,解决硬件服务商和系统软件集成服务商之间数据通信难度的同时,为上下位的数据信息通信提供更加透明的通道,从而实现硬件设备和软件系统之间数据信息的自由交换,进而为建筑工程项目智能化设计系统的开放性、可扩展性、兼容性、简便性等奠定坚实的基础，为建筑工程智能化管理提供可靠的保障。

（二）系统集成关键技术

为尽可能全面地满足建筑工程项目的智能化管理和建设需求，需借助先进科学的信息技术，在结合建筑工程智能化建设管理用户需求和建设需求目标的基础上进行整体设计和综合考量，进而制定满足特定建筑智能化管理目标的管理方案和管理措施。一般而言，在建筑工程项目智能化集成系统的设计过程中，其应用技术主要包括计算机技术、图像识别技术、数据通信技术、数据存储技术以及自动化控制技术等重要类型。就计算机技术而言，由于在所有的系统软件运行过程中都离不开计算机硬件设备及软件系统支撑等重要媒介，因此，为了尽可能地提高建筑工程智能化集成系统的实际应用效能，满足工程项目智能化建设的总体需求，就需要尽可能地使用先进的计算机管理技术，保证计算机媒介性能提升的同时，确保计算机网络系统的稳定性、安全性、服务可持续性、兼容性及高效性，为满足建筑智能化建设目标奠定坚实的基础。其次是图像识别技术，在建筑智能化集成系统子系统的集成过程中，由于集成对象包括了建筑工程项目出入车辆的监控、视频数据信息的采集等众多图像采集子系统，因此，为了更高效地完成系统集成目标，将各图像采集子系统所采集到的数据信息转化为可读性更强的数字化信息，就需采用高效的图像识别技术，完成对输入图像数据信息的识别、采集、存储和分析，最终完成图像信息到可读数字化信息的转换。就数据通信技术而言，建筑智能化集成系统在其设计过程中采用了集中式的数据存储管理模式，由建筑智能化集成系统的各子系统根据自身设备的实际运行状况实时记录和存储相应的生产数据信息，进而利用专业化程度较高的数据通信技术，将实时的生产数据信息进行集中汇总和存储，从而保证建筑智能化集成子系统数据信息能够持续稳定且可靠准确地上报集成数据中心，完成数据通信和数据存储过程。就自动化控制技术而言，建筑智能化集成系统之所以能够称为智能化系统的重要原因，即建筑智能化集成系统能够根据相应的预先设定的规则，对所采集到的数据信息进行分析处理而完成自动化控制，并进一步根据系统的分析结果采取相应的处置措施，且在一系列的数据处理和措施设计过程中并不需要人工参与，从而大幅度提高了建筑工程项目的实际管理效率和管理质量。因此，为有效提升系统的整体应用价值，就必须确保建筑智能化集成系统的自动化控制水准达到基本要求。

（三）系统集成分析

在闵行法院机房 UPS 项目智能化系统的建设过程中，为了尽可能地提高智能化系统的集成综合服务能力，根据现有的 5A 级智能化工程项目建设目标，包括楼宇设备自动化系统、安全自动防范系统、通信自动化系统、办公自动化系统和火灾消防联动报警系统等，在结合工程项目建设智能化管理实际需求的基础上，对现有的建筑智能化系统集成进行分层次的集成架构设计，确保建筑智能化系统集成物理设备层、数据通信层、数据分析层以及数据决策层等相关数据信息的可获得性和功能目标完成的科学性。其中，在对物理设备层进行架构时，必须根据不同的建筑工程项目主体智能化建设需求的不同，以 5A 级智能化建设项目为基本指导，在安装各智能化应用子系统过程中有所侧重，有所忽略。就通信层设计而言，主要是为了完成集成系统和各子系统之间数据信息交换接口的定义以及交换数据信息协议的补充，实现数据信息之间的互联互通，而数据分析层则主要是为了完成各子系统所采集到的数据信息的自动化分析和智能化控制，最终为数字决策层提供更加科学、更加准确的数据支撑。

总之，信息技术在建筑智能化建设和管理过程中具备不容忽视的使用价值和重要作用，不仅能在较大限度上直接改善建筑智能化系统的实际运营过程，确保建筑智能化各项运营需求和运营功能的实现，更能够有力地推动建筑智能化向智能建筑和智慧建筑方向发展，充分提高智能建筑实际运营质量的同时，实现智能建筑中的物物相连，为信息的"互联互通"和人们的舒适生活做出贡献。

第六节　智能楼宇建筑中楼宇智能化技术的应用

经济城市化水平的急剧发展带动了建筑业的迅猛发展，在高度信息化、智能化的社会背景下，建筑业与智能化的结合已成为当前经济发展的主要趋势，在现代建筑体系中，已经融入了大量的智能化产物，这种有机结合建筑，增添了楼宇的便捷服务功能，给用户带来了全新的体验。本节就智能化系统在楼宇建筑中的高效应用进行研究，根据智能化楼宇的需求，研制更加成熟的应用技术，改进楼宇智能化功能，为人们提供更加便捷、科技化的享受。

楼宇智能化技术作为新世纪高新技术与建筑的结合产物，其技术设计多个领域，不仅需要有专业的建筑技术人员，更需要懂科技、懂信息等科技人才相互协作才能确保楼宇智能化的实现。楼宇智能化设计中，对智能化建设工程的安全性、质量和通信标准要求极高。只有全面的掌握楼宇建筑详细资料，选取适合楼宇智能化的技术，才能建造出多功能、大规模、高效能的建筑体系，从而为人们创建更加舒适的住房环境和办公条件。

一、智能化楼宇建设技术的现状概述

在建筑行业中使用智能化技术，是集结了先进了科学智能化控制技术和自动通信系统，是人们不断改造利用现代化技术，逐渐优化楼宇建筑功能，提升建筑物服务的一种技术手段。20世纪80年代，第一栋拥有智能化建设的楼宇在美国诞生，自此之后，楼宇智能化技术在全世界各地进行推广。我国作为国际上具有实力潜力的大国，针对智能化在建筑物中的应用进行了细致的研究和深入的探讨，最终制定了符合中国标准的智能化建筑技术，并做出相关规定和科学准则。在国家经济的全力支撑下，智能化楼宇如春笋般，遍地开花。国家相关部分进行综合决策，制定了多套符合中国智能化建设的法律法规，使智能化楼宇在审批中、建筑中、验收的各个环节都能有标准的法律法规，这对于智能化建筑在未来的发展中给予了重大帮助和政策支撑。

二、楼宇智能化技术在建筑中的有效用应用

（一）机电一体化自控系统

机电设备是建筑中重要的系统，主要包括楼房的供暖系统、空调制冷系统、楼宇供排水体系、自动化供电系统等。楼房供暖与制冷系统调控系统：借助于楼宇内的自动化调控系统，能够根据室内环境的温度，开展一系列的技术措施，对其进行功能化、标准化的操控和监督管理。同时系统能后通过自感设备对外界温湿度进行精准检测，并自动调节，进而改善整个楼宇内部的温湿条件，为人们提供更高效、更适宜的服务体验。当楼宇供暖和制冷系统出现故障时，自控系统能够寻找到故障发生根源，并及时进行汇报，同时也可实现自身对问题的调控，将问题降到最低范围。

供排水自控系统：楼宇建设中供排水系统是最重要的工程项目，为了使供排水系统能够更好的为用户服务，可以借助于自控较高系统对水泵的系统进行24小时的监控，当出现问题障碍时，能够及时报警。同时，其监控系统，能够根据污水的排放管道的堵塞情况、处理过程等方面实施全天候的监控与管理。此外，自控制系统能够实时监测系统供排水系统的压力符合，压力过大时能够及时减压处理，保障水系统的供排在一定的掌控范围中。最大程度的减少供排水系统的障碍出现的频率。

电力供配自控系统：智能化楼宇建设中最大的动力来源就是"电"，因此，合理的

控制电力的供给和分配是电力实现智能化建筑楼宇的重中之重。在电力供配系统中增添控制系统，实现全天候的检测，能够准确把握各个环节，确保整个系统能够正常的运行。当某个环节出现问题时，自控系统能够及时的检测出，并自动生成程序解决供电故障，或发出警报信号，提醒检修人员进行维修。能够实现对电力供配系统的监控主要依赖于传感系统发出的数据信息与预报指令。根据系统做出的指令，能够及时切断故障的电源，控制该区域的网络运行，从而保障电力系统的其他领域安全工作。

（二）防火报警自动化控制系统

搭建防火报警系统是现代楼宇建设中最重要的安全保障系统，对于智能化楼宇建筑而言，该系统的建设具有重大意义，由于智能化建筑中需要大功率的电子设备，来支撑楼宇各个系统的正常运转，在保障楼宇安全的前提下，消防系统的作用至关重要。当某一个系统中出现短路或电子设备发生异常时，就会出现跑电漏电等现象，若不能及时对其进行控制，很容易引发火灾。防火报警系统能够及时的检测出排布在各个楼宇系统中的电力运行状态，并实施远程监控和操作。一旦发生火灾时，便可自动做出消防措施，同时发出报警信号。

（三）安全防护自控系统

现代楼宇建设中，设计了多项安全防护系统，其中包括：楼宇内外监控系统、室内外防盗监控系统、闭路电视监控。楼宇内外监控系统，是对进出楼宇的人员和车辆进行自动化辨别，确保楼宇内部安全的第一道防线，这一监测系统包括门禁卡辨别装置、红外遥控操作器、对讲电话设备等，进出人员刷门禁卡时，监控系统能够及时的辨别出人员的信息，并保存与计算机系统中，待计算机对其数据进行辨别后传出进出指令。室内外防盗监控系统主要通过红外检测系统对其进行辨别，发现异常行为后能够自动发出警报并报警。闭路电视监控系统是现代智能化楼宇中常用的监测系统，通过室外监控进行人物呈像，并进行记录、保存。

（四）网络通信自控系统

网络通信自控系统，是采用PBX系统对建筑物中声音、图形等进行收集、加工、合成、传输的一种现代通信技术，它主要以语音收集为核心，同时也连接了计算机数据处理中心设备，是一种集电话、网络为一体的高智能网络通信系统，通过卫星通信、网络的连接和广域网的使用，将收集到的语音资料通过多媒体等信息技术传递给用户，实现更高效便捷的通信与交流。

在信息技术发展迅猛的今天，智能化技术必将广泛应用于楼宇的建筑中，这项将人工智能与建筑业的有机结合技术是现代建筑的产物，在这种建筑模式高速发展的背景下，传统的楼宇建筑技术必将被取代。这不仅是时代向前发展的决定，同时也是人们的未来住房功能和服务的要求，在未来的建筑业发展中，实现全面的智能化为建筑业提供了发展的方向。此外，随着建筑业智能化水平的日渐提升，为各大院校的从业人员也提供了坚实的就业保障和就业方向。

第七节　建筑智能化系统的智慧化平台应用

在物联网、大数据技术的快速发展的大背景下，有效推动了建筑智能化系统的发展，通过打造智慧化平台，使得系统智能化功能更加丰富，极大提升了人们的居住体验，降低了建筑能耗，更加方便对建筑运行进行统一管理，对于推动智能建筑实现可持续发展具有重要的意义。

一、建筑智能化系统概述

建筑智能化系统，最早兴起于西方，早在1984年，美国的一家联合科技UTBS公司通过将一座金融大厦进行改造并命名为"City Place"，具体改造过程即是在大厦原有的结构基础之上，通过增添一些信息化设备，并应用一些信息技术，例如计算机设备、程序交换机、数据通信线路等，使得大厦整体功能发生了质的改变，住在其中的用户因此能够享受到文字处理、通信、电子信函等多种信息化服务，与此同时，大厦的空调、给排水、供电设备也可以由计算机进行控制，从而使得大厦整体实现了信息化、自动化，为住户提供了更为舒适的服务与居住环境，自此以后，智能建筑走上了高速发展的道路。

如今随着物联网技术的飞速发展，使得建筑智能化系统中的功能更加丰富，并衍生了一种新的智慧化平台，该平台依托于物联网，不仅融入了常规的信息通信技术，还应用了云计算技术、GPS、GIS、大数据技术等，使得建筑智能化系统的智能性得到更为显著的体现，在建筑节能、安防等方面发挥着非常重要的作用。

二、智慧平台的5大作用

通过传统的建筑智能化衍生为系统智能化，将局域的智能化通过通信技术进行了升级和加强，再通过平台集成将原有智能化各个系统统一为一个操作界面，使智能化管理更加便捷和智能。以下有五大优点

（一）实施对设施设备运维管理

针对建筑设施设备使用期限，实现自动化管理，建筑智能化系统设备一般开始使用后，在系统之中，会自动设定预计使用年限，在设备将要达到使用年限后，可以向用户发出更换提醒。设施设备维护自动提醒，以提前设置好的设备的维护周期内容为依据，并结合设备上次维护时间，系统能够自动生成下一次设备维护内容清单，并能够自动提醒。并针对系统维护、维修状况，能够实现自动关联，并根据相关设备，实现详细内容查询，一直到设备报废或者从建筑中撤除。能够对系统设备近期维护状况进行实时检查，能够提前了解基本情况，并来到现场对设备运行状态加以确认，了解详细情况，并将故障信息实施上传，更加方便管理层进行决策，及时制定对合理的应对方案。例如借助云平台，收集建筑运行信息，并能够对这些信息进行集中分析，例如通过统计设备故障率，获得不同设备使用寿命参照数据，并通过可视化技术以图表形式现实出来，更加有助于实现事前合理预测，提前做好预防措施，有效提升系统设备的管理质量水平。

（二）有效的降低能耗，提高日常管理

将建筑内涉及能源采集、计量、监测、分析、控制等的设备和子系统集中在一起，实现能源的全方位监控，通过各能源设备的数据交互和先进的计算机技术实现主动节能的同时，还可通过对能源的使用数据进行横向、纵向的对比分析，找到能源消耗与楼宇经营管理活动中不匹配的地方，抓住关键因素，在保证正常的生产经营活动不受影响及健康舒适工作环境的前提下，实现持续的降低能耗。同时该系统通过I/O、监听等专有服务，将建筑内的所有供能设备及耗能设备进行统一集成，然后利用数据采集器、串口服务器，实现各类智能水表、电表、燃气表、冷热能量表的能耗数据的获取。并通过数据采集器、串口服务器或者各种接口协议转换，对建筑各种能耗装置设备进行实时监控和设备管理。针对收集的能耗数据，通过利用大规模并行处理和列存储数据库等手段，将信息进行半结构化和非结构化重构，用于进行更高级别的数据分析。同时系统嵌入建筑的 2D/3D 电子地图导航，将各类能耗的监测点标注在实际位置上，使得布局明晰并方便查找。在 2D/3D 效果图上选择建筑的任何用能区域，可以实时监测能耗设备的实时监测参数及能耗情况，让管理人员和使用者能够随时了解建筑的能耗情况，提高节能意识。在此基础上，还能够完成不同建筑能源的分时—分段计费、多角度能耗对比分析、用能终端控制等功能。

（三）应急指挥

将智能化的各个子系统通过软件对接的方式平台管理,通过智能分析及大数据分析,有效提高管理人员的管理水平。

其中网络设备系统、无线 WiFi 系统、高清视频监控系统、人脸识别系统、信息发布系统、智能广播系统、智能停车场系统等各个独立的智能化系统有机的结合实现:

1.危险预防能力

通过具有人脸识别、智能视频分析、热力分析等功能,在一些危险区域、事态进行提前预判,有针对性的管理。

全天时工作,自动分析视频并报警,误报率低,降低因为管理人员人为失误引起的高误差。将传统的"被动"视频监控化转变为"主动"监控,在报警发生的同时实时监视和记录事件过程。

热力图分析的本质——点数据分析。一般来说,点模式分析可以用来描述任何类型的事件数据(incident data),我们通过分析,可以使点数据变为点信息,可以更好地理解空间点过程,可以准确地发现隐藏在空间点背后的规律。让管理人员得到有效的数据支持,及时规避和疏导。

2.应急指挥

应急指挥基于先进信息技术、网络技术、GIS 技术、通信技术和应急信息资源基础上,实现紧急事件报警的统一接入与交换,根据突发公共事件突发性、区域性、持续性等特点,以及应急组织指挥机构及其职责、工作流程、应急响应、处置方案等应急业务的集成。

同过音视频系统、会议系统、通信系统、后期保障系统等实现应急指挥功能。

3.事后分析总结能力

通过事件的流程和发生的原因,进行数据分析,为事后总结分析提供数据支持,避免类此事件再次发生提供保障。

（四）用户的体验舒适

1.客户提醒

通过广播和 LED 通过数字化连接,通过平台统一发放,能做到分区播放,不同区域不同提示,让体验度提高。

让客户在陌生的环境下能在第一时间通过广播系统和显示系统得到信息,摆脱困恼。

2.信用体系

在平台数据提取的帮助下,建立各类信用体系,也对管理者提供了改进和针对性投入,从而规范市场规则。

（五）营销广告作用

通过各类数据提供,能提取有效的资源供给建设方或管理方,有针对性的进行宣传和营销,提高推广渠道。

不断关注营销渠道反馈的信息,能改进营销手段,有方向投入,提高销售效率,在线上线下发挥重要作用。

三、智慧平台行业广泛应用

依托互联网、无线网、物联网、GIS 服务等信息技术,将城市间运行的各个核心系统整合起来,实现物、事、人及城市功能系统之间无缝连接与协同联动,为智慧城的"感"、"传"、"智"、"用"提供了基础支撑,从而对城市管理、公众服务等多种需求做出智能的响应,形成基于海量信息和智能过滤处理的新的社会管理模式,是早期数字城市平台的进一步发展,是信息技术应用的升级和深化。

在平台的帮助下,各个建设方和管理方能有依有据,能做到精准投入,高效回报,提高管理水平,提高服务水平。

综上所述,当下随着建筑智能化系统的智慧化平台的应用发展,有效提升了建筑智能化运行管理水平,为人们的日常生活带来了非常大的便利。因此需要科技工作者与行业人员进一步加强建筑智能化系统的智慧化平台的应用研究,从而打造出更实用、更强大的智慧化应用平台,充分利用现代信息科技推动建筑行业实现更加平稳顺利的发展。

第八节　建筑智能化技术与节　能应用

近些年来,伴随着我国经济科技的快速发展,人民生活水平的不断提高,对建筑方面的要求也变得越来越高。它已经不仅仅是局限于外部设计和内部结构构造,更重要的是建筑质量方面的智能化和节能应用方面。在这样的情况之下,我国的建筑智能化技术得到了快速发展并且普遍应用于我们的生活之中,给我们的生活产生的很大的变化和影响,得到了社会相关专业人员的认可以及国家的高度重视。在本节之中,作者会详细对建筑智能化的技术与节能应用方面进行分析。

随着信息时代的到来,我国的生活各个方面基本上已经进入了信息化时代,就是我们俗称的新时代。建筑行业作为科学技术的代表之一,也基本上实现了智能化,建筑智能化技术得到了广泛的应用，并且随着我国环境压力的增大，可持续发展理论的深入，人们对建筑的节能要求也变得越来越高。建筑行业不仅要求智能化技术的应用，在建筑节能方面的应用也是一个巨大的挑战。但是有挑战就有发展空间，在接下来的时间里，建筑智能化技术和节能应用会得到快速发展并且达到一个新的高度。

一、智能建筑的内涵

相较于传统建筑而言，智能建筑所涉及的范围更加宽广和全面。传统建筑工作人员可能只需要学习与建筑方面的相关专业知识并且能够把它应用到建筑物之中便可以了，而智能建筑工作人员仅仅是有丰富的理论素养是远远不够的。智能建筑是一个将建筑行业与信息技术融为一体的一个新型行业，因为这些年来的快速发展收到了国际上的高度重视。简单来说：智能建筑就是说它所有的性能能够满足客户的多样的要求。客户想要的是一个安全系数高、舒服、具有环保意识、结构系统完备的一个整体性功能齐全，能够满足目前信息化时代人民快生活需要的一个建筑物。从我国智能建筑设计方面来定义智能建筑是说：建筑作为我们生活的一个必需品，是目前现代社会人民需要的必要环境，它的主要功能是为人民办公、通信等等提供一个具有服务态度高、管理能力强、自动化程度高、人民工作效率高心情舒服的一个智能的建筑场所。

由上面的相关分析可以得知，快速发展的智能建筑作为一项建筑工程来说，不仅仅是传统建筑的设计理念和构造了。它还需要信息科学技术的投入，主要的科学技术包括了计算机技术和网络计算，其中更重要的是符合智能建筑名称的自动化控制技术，通过设计人员的专业工作和严密的规划，对智能建筑的外部和内部结构设计、市场调查客户对建筑物的需要、建筑物的服务水平、建筑物施工完成后的管理等等这几个主要的方面。这几个方面之间有着直接或者间接的关系作为系统的组合，最终实现为客户供应一个安全指数高、服务能力强、环保意识高节能效果好、自动化程度高的环境。

二、应用智能化技术实现建筑节能化

在目前供人工作和生活的建筑中，造成能源消耗的主要有冬天的供暖设备和夏天的供冷消耗，还有一年四季在黑夜中提供光明的光照设施，其中消耗比较大的大型的家用电器和办公设备。比如说，电视机、洗衣机、电脑、打印机等等，另外在大型的建筑物中，最消耗能量的主要是一年都不能停运的电梯啊排污等等。如果这些设备停运或者不能够工作，那么就会给人民的生活和工作带来非常不利的影响。由此可见，要想实现节能目标，就必须有效的控制和管理好上面相关设备的应用。正好随着建筑的智能化的到来，能够有效的减少能源的消耗，不但能使得建筑物中一些消耗能源高的设备达到高效率的运营，而且能实现节能化。

（一）合理设置室内环境参数达到节能效果

在夏天或者冬天，当人民从室外进入建筑物内部的时候，温度会有很大的落差。人民为了尽快保暖或者降温就会大幅度的调高或者调低室内的温度，因而造成了大量能源的消耗。因此，根据人民的这个建筑智能化系统就要做出反应，要根据人民的需求及时做出反应，根据室内室外的温度湿度等等进行调整最终实现节能的效果。

由于我国一些地方的季节变化明显，导致温度相差也很大，就拿北方来说，冬季阳光照射少，并且随常伴有大风等等，导致温度过低，也就有了北方特有的暖气的存在。因为室外温度特别低，从外面走了一趟回来就特别暖和，这时候人民就会调高室内的温度，增大供暖，长时间的大量供暖不仅仅造成了环境污染并且消耗了大量的能源。根据相关数据可得，如果在室内有供暖的存在，温度能够减少一度，那么我们的能源消耗就能降低百分之十到百分之十五。这样推算下来，一家人减少百分之十到百分之十五的能源消耗，一百户人家能减少的能源消耗会是一个大大的数字，其中还不包括了大量的工作建筑物；夏天也是有相同的问题存在，室内温度调的过低造成能源消耗量过大，可能我们人体对于一度的温度没有太大的感受程度，可是如果温度能升高一度，那么能源消耗就能减少百分之八到百分之十中间。由此推算，全国的建筑物加在一起，只要室内温度都升高一度，那么我们就能降低一个很大数字的能源消耗，因此，需要建筑智能化需要能够合理的设置室内环境参数已达到节能的作用。

除了我们普遍的居民住楼建筑和工作场所建筑之外，还有一些特殊的建筑物的存在。比如说：剧院、图书馆等等。要根据人流和国家的规定对室内温度进行严密的控制和管理，不能够过高也不能够过低，从而导致能源消耗量过大，切实起到节能的作用。

（二）限制风机盘管温度面板的设定范围

一些客户可能会因为自身对温度的感受能力原因在冬天过高的提高温度面板，在夏天里过低的降低温从而超出了过天嗯标准限度。造成了能源的大量消耗，因此，为了达到节能，要对风机管的温度面板进行严格的限制，这时候就要运用到建筑的智能化应用了,采用自动化控制风机管温度面板,严格按照国家标准来执行。

(三)充分利用新风自然冷源

在信息快速发展的的新时代里,要做到物用其尽,智能建筑要充分利用到自然资源来减少能源消耗,起到节能的目的。比如说可以充分利用新风自然冷源,不但可以降低我们的能源消耗,而且效率高,节能又环保。

在夏季的时候,早晨是比较凉快温度较低,并且新风量大,这个时候就可以关掉空调,打开室内的门窗,保持气流的换通。这样不但能够使室内保持新鲜的空气而且能减少空调的使用,给人民的生活带来舒适的同时又进行了节能,在傍晚的时分也可以进行相同的操作。另外在一些人流量比较大的建筑物内比如说商场、交通休息站等等地方,可能会因为人流量多,产生的的二氧化碳浓度较高,这时候为了减少能源消耗,可以打开排风机,利用风流进行空气交换,达到一举两得的效果。最后,在一些办公建筑中,人民为了得到更加舒适的室内环境,会提前打开空调让室友进行提前降温,在下班之后一段时间再关掉。据相关数据可得,因为这样的情况造成了全天20%-30%的能源消耗。因此,为了节能减少能源消耗,一些办公建筑内的空调设备的打开和关闭时间要进行严格的管理和控制。

伴随着社会的发展,智能建筑不但融入了大量科学技术的应用。并且更加重视节能方面的应用,尽量的减少能源消耗,起到环境保护的作用,增加我国资源储备,智能建筑的发展要增加可持续发展理念实现为。打造一个安全性数高,舒服、自动化能力强的环境。

第九节　智能化城市发展中智能建筑的建设与应用

随着社会经济的发展和科学技术的进步,城市的建设已经不再局限于传统意义上的建筑,而是根据人们的需求塑造多功能性、高效性、便捷性、环保性的具有可持续发展的智能化城市。在智能化城市的建设与发展过程中,智能建筑是其根本基础。智能建筑充分将现代科学技术与传统建筑相结合,其发展前景十分广阔。该文从我国智能建筑的概念出发,介绍了智能建筑的智能化系统以及智能建筑的发展方向。

在当今的信息化时代,智能化是城市发展的典型特征,智能建筑这种新型的建筑理念随之产生并得到应用。它不仅将先进的科学技术在建筑物上淋漓尽致地发挥出来,使人们的生活和工作环境更加安全舒适,生活和工作方式更加高效,也在一定程度上满足了现代建筑的发展理念,实现智能建筑的绿色环保以及可持续的发展理念。

智能建筑最早起源于美国,其次是日本,随之许多国家对智能建筑产生兴趣并进行高度关注。我国对智能建筑的应用最早是北京发展大厦,随后的天津今晚大厦,是国内智能建筑的典型,被称为中国化的准智能建筑。虽然我国对智能建筑的研究相对较晚,但也已经形成一套适应我国国情发展的智能建筑建设理论体系。

智能建筑是传统建筑与当代信息化技术相结合的产物。它是以建筑物为实体平台,采用系统集成的方法,对建筑的环境结构、应用系统、服务需求以及物业管理等多方面进行优化设计,使整个建筑的建设安全经济合理,更重要的是它可以为人们提供一个安全、舒适、高效、快捷的工作与生活环境。

一、智能建筑的智能化系统

智能建筑的智能化系统总体上被称为5A系统,主要包括设备自动化系统(BAS)、通信自动化系统(CAS)、办公自动化系统(OAS)、消防自动化系统(FAS)和安防自动化系统(SAS),这些系统又通过计算机技术、通信技术、控制技术以及4C技术进行一体化的系统集成,利用综合布线系统将以上的自动化管理系统相连接汇总到一个综合的管理平台上,形成智能建筑的综合管理系统。

(一)BAS系统

BAS系统实际上是一套综合监控系统,具有集中操作管理和分散控制的特点。建筑物内监控现场总会分布不同形式的设备设施,象空调、照明、电梯、给排水、变配电以及消防等,BAS系统就是利用计算机系统的网络将各个子系统连接起来,实现对建筑设备的全面监控和管理,保证建筑物内的设备能够高效化的在最佳状态运行。象用电负荷不同,其供电设备的工作方式也不相同,一级负荷采用双电源供电,二级负荷采用双回路供电,三级负荷采用单回路供电,BAS系统根据建筑内部用电情况进行综合分析。

(二)FAS消防系统

FAS系统主要由火灾探测器、报警器、灭火设施和通信装置组成。当有火灾发生的时候,通过检测现场的烟雾、气体和温度等特征量,并将其转化为电信号传递给火灾报警器发出声光报警,自动启动灭火系统,同时联动其他相关设备,进行紧急广播、事故照明、电梯、消防给水以及排烟系统等,实现了监测、报警、灭火的自动化。智能化建筑大部分为高层建筑,一旦发生火灾,其人员的疏散以及救灾工作十分困难,而且建筑内部的电气设备相对较多,大大增加了火灾发生的概率,这就要求对于智能建筑的火灾自动报警系统和消防系统的设计和功能需要十分严格和完善。在我国，根据相关部门规定，火灾报警与消防联动控制系统是独立运行的，以保证火灾救援工作的高效运行。

（三）SAS安防系统

SAS系统主要由入侵报警系统、电视监控系统、出入口控制系统、巡更系统和停车库管理系统组成，其根本目的是为了维护公共安全。SAS系统的典型特点是必须24小时连续工作，以保证安防工作的时效性。一旦建筑物内发生危险，则立即报警采取相应的措施进行防范，以保障建筑物内的人身财产安全。

（四）CAS通信系统

CAS系统是用来传递和运载各种信息，它既需要保证建筑物内部语音、数据和图像等信息的传输，也需要与外部公共通信网络相连，以便为建筑物内部提供实时有效的外部信息。其主要包括电话通信系统、计算机网络系统、卫星通信系统、公共广播系统等。

（五）OAS办公系统

OAS办公系统是以计算机网络和数据库为技术支撑，提供形式多样的办公手段，形成人机信息系统，实现信息库资源共享与高效的业务处理。OAS办公系统的典型应用就是物业管理系统。

三、智能建筑的发展方向

（一）以人为本

智能建筑的本质就是为了给人们提供一个舒适、安全、高效、便捷的生活和工作环境。因此，智能建筑的建设要以人为本。以人为本的建筑理念，从一定程度上是为了明确智能建筑的设计意义，明确其对象是以人为核心的。无论智能建筑的形式如何，也不管智能建筑的开发商是哪家，都需要遵循以人为本的建设理念，才会将智能建筑的本质意义最大程度地发挥出来。

日本东京的麻布地区有一座新型的现代化房屋，该建筑根据大自然对房屋进行人性设计，充分体现了以人为本的特性。建筑物内有一个半露天的庭院，庭院内的感应装置能够实时监测外界天气的温度、湿度、风力等情况，并将这些数据实时传送至综合管理系统进行分析，并发出指令控制房间门窗的开关以及空调的运行，使房间总是处于让人觉得舒服的状态。同时，如果住户在看电视的时候有电话打进来，电视的音量会自动被调小以方便人们先通电话且不受外界影响。计算机综合管理系统智慧房屋内各种意义互相配合，协调运转，为住户提供了一个非常舒适与安全的生活环境。

（二）绿色节能

智能建筑利用智能技术能够为人类提供更好的生活方式和工作环境，但人类的生存必然与建筑紧密相关，其建筑行业是整个社会产生能耗的重要原因。因此，我国提倡可持续发展的战略思想，而绿色节能的建筑理念正好与可持续发展理念相契合。智能建筑作为建筑行业新兴产业的领头军，更应该与低碳、节能、环保紧密结合，以促进行业的可持续发展。智能建筑在利用智能技术为人类创造安全舒适的建筑空间的同时，更重要的是要实现人、自然与建筑的和谐统一，利用智能技术来最大程度地实现建筑的节能减排，促使建筑的可持续发展，这样才能长久地服务于人类，实现真正意义上的绿色与节能。

北京奥运会馆水立方的建设，充分利用了独特的膜结构技术，利用自然光在封闭的场馆中进行照明，其时间可以达到9.9个小时，将自然光的利用发挥到极致，这样大大节省了电力资源。同时，水立方的屋顶达能够将雨水进行100%的收集，其收集的雨水量相当于100户居民一年的用水量，非常适用北京这种雨水量较少的北方城市。水立方的建设，充分体现了节能环保的绿色建筑理念，在满足人们工作需求的同时，也满足了人们对于绿色生活和节能的全新要求。

智能化城市的发展离不开智能建筑的建设。智能建筑的建设应该充分利用现代化高科技技术来丰富完善建筑物的结构功能，将建筑、设备与信息技术完美结合，形成具有强大使用功能的综合性的建筑体，最大程度地满足人们的生活需求和工作需求。但智能建筑可持续发展的前提是要满足时代发展的要求，这就要求智能建筑在保证建筑功能完善的同时也要响应绿色节能环保的社会要求，以实现建筑、人、自然长期协调的发展。

第六章 建筑工程项目造价管理

第一节 建筑工程造价管理现状

城市人口的迅速增长,使城市地区对大型建筑的需求也随之变大,各地的大型建筑工程项目数不胜数。随着建筑工程变得更庞大,影响建筑工程造价的因素也变得越来越多,工程造价的管理难度变得越来越大,如何管理好建筑工程的造价,对于承包工程的一方极为重要,关系到承包方的收益。如今,越来越多的人意识到了工程造价管理工作的重要性,使这项工作成为建筑工程建设的必要工作。本研究将浅要探讨当下建筑工程造假管理的现状及展望。

一、建筑工程造价管理现状

(一)建筑工程造价管理考虑问题不周全

现在虽然有越来越多的建筑商意识到了工程造价管理的重要性,并且开始着手制定这方面工作的相关制度,但是由于之前他们对这方面的工作长期不给予重视,导致其中大部分人在这个方面缺乏经验。现在大多数建筑商制定的建筑工程造价管理制度并不完善,总是会出现最终结算时建筑成本与预期不一致的情况,这是由于制定制度时没有将问题考虑周全。完整的工程造价管理制度的制定应该将所有有关工程成本的各方面因素都考虑进来。最为首要的是预算好购买工程施工材料的成本、需要支付给施工人员的工资成本、使用施工机械产生的成本以及其他很多小方面的成本,其中容易出问题的部分是对其他小方面的成本预算方面。大型工程中消耗资金最集中的地方虽然主要是材料成本、人工成本和机械成本,但是其他很多小方面的成本综合起来也会消耗很大一部分资金,这些资金一般都是零零散散的用掉的,每一个数额相对来说很小,所以不太能引起建筑商的注意,比如运输成本、工人生活成本等。很多时候建筑商在预算工程的造价时,不会精细地计算这些小方面的支出,而是凭感觉给出一个大概的估计值,导致误差一般都很大,在最终比较数据就会发现有很大的出入。这个问题就是实施工程造价管理工作时考虑问题不够全面造成的。

（二）建筑工程造价管理没有随着市场的变化而灵活变化

由于现在很多的建筑工程越做越大，所以整个工程的施工周期也变得越来越长，从开工到竣工用的时间一般都会达到一两年甚至更久。而在当今社会市场经济的背景下，很多时候同一种商品的价格会随着时间的变化而发生较大的变化，并不会一直保持不变。并且，人力成本也会随着市场的变化而变化。这些变化对于工程的造价具有非常大的影响，如果不把市场变化因素考虑进来，而是只以当时的市场情况制定工程造价管理方案，势必会出现问题。然而，很多建筑商中掌管制定工程造价管理方案的相关部门并没有很好的市场经济思想，在对建筑工程造价进行预算时，只以当时的市场情况为准，就片面地进行预算，不把市场变化的因素考虑进去，导致得出的数据存在十分大的偏差。对建筑工程造价的管理是为了对整个工程的成本能有一个较为清晰的了解，如果工程造价的预算误差太大，就达不到本来应该有的效果，使建筑商不明不白受损失。而保证数据的尽量准确，离不开对市场变化的考虑，建筑工程造价管理没有随市场的变化而灵活变化，是很多建筑商在进行造价管理时出现的问题。

（三）建筑工程造价管理中监管工作不到位

建筑工程的造价对于建筑商从一个建筑工程中获得的利润的高低有很大影响。因为如果建筑工程的造价增大，意味着建筑商需要投入更多资金，就会减少最终的获利。而如果能够缩减建筑工程的造价，就意味着建筑商需要投入的成本变少，相对而言，就能获得更高的利润。因此，有的建筑商为了获得更高的利润，会在建筑工程造价方面下手，通过减小工程造价来获得更加可观的利润。如果在保证工程质量的前提下，通过精细化的管理缩减工程的造价，是合情合理的。但是有的建筑商被利益熏心，他们会通过材料上偷工减料、施工上压缩施工周期等不合理的方式来减少成本，不顾及偷工减料对建筑质量的影响，这就导致很多"垃圾工程"的出现。这种现象一方面是少数建筑商太贪婪导致的，但更首要是另一方面的原因，即建筑工程造价管理过程中缺乏有关部门的监督。

二、改善建筑工程造假管理现状的几点对策

（一）培养全方位综合考虑的意识

要想做到全面考虑建筑工程造价中的所有因素，就要有细心与耐心兼具的素质，这两种素质需要慢慢培养。一方面，相关部门可以通过借鉴国内外相关工作的经验

提升这方面的素质。另一方面,要学会总结自己工作中的不足,在每次建筑工程结束后,都需要总结出现的问题,并且找出问题的原因,这样在接下来的工作中就能有效避免类似问题的发生,使自己经验越来越丰富,工作也就做得越来越全面。培养全方位综合考虑的意识,需要不断总结相关经验,并且不断学习,不能够太过急功近利。通过这种做法,能有效防止在进行建筑工程造价管理时出现不全面考虑的问题。

(二)培养市场经济的意识

对于建筑工程造价管理方案与市场变化不相符,造成建筑工程造价管理没有达到目的的问题,最好的解决办法就是让相关部门接受培训。可以让它们学习有关市场经济变化规律的知识,让他们明白市场的变化对于建筑工程造价的影响是不可忽略的。这样有助于相关部门形成市场意识,这样他们就会在制定工程造价管理制度的过程中时时刻刻考虑市场的变化,并且对方案进行灵活的调整。考虑市场因素的建筑工程造价管理方案能让工程造价的预算更加准确可信,与最终实际的工程造价偏差会更小,参考意义也更大。这样才能起到建筑工程造价管理工作应有的作用,不会导致工作白费。

(三)监督部门增强监管力度

监管部门的监管力度不够,是建筑工程造价管理工作的一大不足。现在频繁出现的建筑质量问题就是监管部门监管不到位导致的。要想改变这种现状,就必须督促监管部门的工作,让他们增强监管力度,坚决严格按照要求对建筑商进行监督,防止非法缩减建筑工程成本的情况出现,不能让建筑工程的造价管理完全由建筑商说了算。这样,就可以有效保证建筑工程造价管理的合理性,减少问题建筑的出现。

三、建筑工程造价管理的展望

随着电子信息技术的飞速发展,电子信息技术已经渗透到人们日常生活和生产的各个方面。现在,几乎所有工作都能够通过应用电子信息技术而变得更加简。建筑工程造价的管理工作是一种数据处理量非常大的工作,且较为繁杂。而借助电子信息技术强大的数据处理功能,能很大程度上使建筑工程造价工作变得更加简单。所以,未来建筑工程造价的管理工作,将会由于电子信息技术的应用而变的不再那么繁杂。并且,通过电子模拟的技术,可得出建筑工程的模型,这样可以让建筑工程造价的管理工作变得形象具体,更加精细,数据也更加准确。

建筑工程造价管理工作是整个建筑工程工作中十分重要的部分,其意义十分巨大,因为通过这项工作,就可以在成本上可以判断一个建筑工程是否具有可行性。所以，在决定一个建筑工程是不是要建设前，首要的工作是对建筑工程的造价进行预算，这项工作是为了对建筑的成本有一个较为准确的把握。本研究对建筑工程的相关讨论以及做的相关展望，对于改善建筑工程造价管理工作具有一定的参考作用。

第二节 工程预算与建筑工程造价管理

为了能够在现阶段竞争激烈的市场中永保竞争力，提高经济效益，就必须采取一定经济措施，重视工程预算在建筑工程造价中的控制重要作用。就此，本节简要围绕工程预算在建筑工程造价管理中的重要作用及其相关控制措施方面展开论述，以供相关从业人员进行一定参考。

随着建筑行业不断发展，建筑工程造价预算控制作为工程建设项目的重要环节之一，对提升建筑工程整体质量发挥重要的作用，因此，做好造价预算的编制工作，培养和提升相关预算人员的综合专业素质水平，确保有效控制建筑工程整体质量，最大限度降低建筑工程项目实际运作过程中的成本。

一、建筑工程造价管理过程中工程预算的重要作用分析

（一）确保工程建设资金项目要素的有效应用

现代建筑工程项目建设的预算，主要构成为财务预算要素、资产预算要素、业务预算要素及筹资预算要素方面。在现阶段我国建筑施工企业中，科学合理配置相关要素，确保建筑企业现有资金的高效利用，确保企业内部所有资金项目要素应用到建筑工程项目中，最大限度减少资金要素的浪费，实现建筑工程综合性经济效益的获得。

（二）有效规范建筑工程项目的运作

做好工程预算管理控制工作，确保建筑施工企业开展高效组织活动，对工程建设项目的开发计划、招标投标、合同签订等工作的运作提供良好的技术保障。因此，工程预算管理工作的开展质量直接关系着建筑工程项目的建设实施过程，影响企业综合效益方面。

为实现建筑工程预算的控制目标，建筑工程施工企业在实际工程项目运作过程中，必须优先做好工程项目整体预算管理方案的规划工作，确保工程项目运作全过程与工程预算管理方案的数据一致性，保证工程项目实现合理控制造价成本。因此说，做好工程预算控制工作，有助于建筑工程企业获得更好地综合效益，提升企业市

场的综合竞争力。

(三) 推进建筑企业的经营发展

建筑工程施工企业应严格遵照自身的实际情况,规划设定发展方向和目标,全面系统地认识和理解建筑工程项目设计、施工过程中遵循的指导标准,持续不断地学习先进施工技术,在组织开展建筑工程项目造价管理过程中,实现基于工作指导理念的改良创新,确保建筑工程施工企业经营发展水平。

(四) 确保工程造价的科学性与合理性

工程预算工作的开展对确保建筑工程造价的科学性和合理性具有重要作用,其存在主要是为建筑工程资金运作情况建立完善的档案,对投资人意向、银行贷款、后续合同订立具有积极的推动作用,从而有利于确保工程造价的科学性与合理性。

(五) 进一步提高工程成本控制的有效性

对建筑工程造价进行控制管理,以工程预算为基础,围绕图纸和组织设计情况分析施工成本,从而有效控制施工中各项费用。对施工单位而言,施工中关键在于将成本控制与施工效益进行结合,确保二者间不会发生冲突,在确保施工质量的基础上控制成本,实现施工企业经济利润的最大化。

(六) 提高资金利用率

基于预算执行角度,把控施工阶段和竣工阶段的资金和资源利用。以施工阶段为例,造价控制的效果和效率关系着工程项目的整体造价,因此,要注重预算把控和造价控制。在具体实践中通过构建完善的造价控制体系,实现施工阶段的资源统筹,采取工程变更控制策略,严格控制造价的变化范围。同时采取合同管理方法,从合同签订和实施全过程,加大对造价的控制,确保工程预算执行到位,减少资金挪用及浪费。

三、工程预算对建筑工程造价控制具体措施分析

(一) 提高建筑工程造价控制的针对性

建筑工程造价控制工作贯穿于工程建设的全过程。在建筑工程建设过程中,善于运用工程预算提升与保障造价控制工作。利用工程预算的执行,提升工作的指向性,立足于建筑工程造价控制细节,更好地为预算目标的实现提供针对性的保障,确保建筑工程管理、施工、经济等各项工作的效率性和指向性。

此外，工程预算要利用建筑工程造价的控制平台建立有效性编制体系，将建筑工程造价控制目标作为前提，设置和优化工程预算体系和机制，确保建筑工程造价控制工作的顺利进行。

（二）提升建筑工程造价控制的精确性

精准的工程预算是进行建筑工程造价控制的基础，是建筑工程造价控制工作顺利开展的前提。因此，强化建筑工程造价控制的质量和水平，是现阶段建筑工程造价控制工作的有效路径。提高和优化工程预算计算方法的精准性和计算结果的精确性，避免工程预算编制和计算中出现疏漏的可能；针对施工、市场和环境制定调价体系和调整系数，在确保工程预算完整性和可行性的同时，确保建筑工程造价控制工作的重要价值。

（三）健全工程造价控制体系

建筑企业利用工程预算工作对工程造价进行全过程控制，通过建筑预算管理，落实建筑工程造价控制细节，通过工程预算的执行，建立监控建筑工程造价控制工作执行体系，在体现工程预算工作独立性和可行性的同时，促使建筑工程造价控制工作构想的规范化和系统化。

（四）提高工程造价管理人员的专业素质

项目成本控制管理具有高度的专业性、知识性和适用性，也要求相关的项目成本管理人员具有高水平的专业素养，确保所有的项目成本管理人员熟练掌握自身的专业能力，在熟悉自身能力知识的基础上，对施工预算、公司规章制度等相关知识进行进一步学习，不断完善自己，保持工程造价控制的高效性，减少设计成本，提高施工阶段的质量，使工程造价具有科学性。

简而言之，建筑工程预算管理工作是企业财务管理工作的前提，提高预算工作的科学性，有利于推动建筑工程顺利完成。因此，要重视工程造价控制，应用先进的信息技术实现工程预算管理工作，推进建筑工程企业的稳定有序发展。

第三节　建筑工程造价管理与控制效果

介绍了建筑工程造价的主要影响要素，分析了当前建筑工程项目造价管理控制中存在的问题，并阐述了提升工程项目造价管理控制效果的关键性措施，从而为企业创造更多的经济效益。

进入21世纪以来,我国的社会主义市场经济持续繁荣,城市化进程明显加快。在城市化发展过程中,建筑工程数量明显增多。如何提升建筑工程质量,在市场竞争中占据有利地位,成为各个建筑企业关注的重点问题。工程造价管理控制是企业管理的重要组成部分,也是企业发展立足的根本。为了实现建筑企业的可持续发展,必须分析工程造价的影响因素,发挥工程造价管理控制的实效性。

一、建筑工程造价的主要影响要素

(一)决策过程

国家在开展社会建设的过程中,需要开展工程审批工作,对工程建设的可行性、必要性进行分析,并综合考虑社会、人文等各个因素。在对工程项目的投资成本进行预估时,必须分析相关国家政策,把握当下建筑市场的发展规律,尽可能使工程项目符合市场需求。在对项目工程进行审阅时,需要选择可信度较高的承包商,确保项目工程的质量,避免"豆腐渣工程"的出现。

(二)设计过程

建筑工程设计直接关系着建筑工程的质量,且建筑工程设计会对工程造价产生直接性的影响。在对工程造价费用进行分析时,需要考虑人力资源成本、机械设备成本、建筑材料成本等。部分设计人员专业能力较强,设计水平较高,建筑工程设计方案科学合理,节省了较多的人力资源和物力资源;部分设计人员专业能力较差,综合素质较低,建筑工程设计方案漏洞百出,会增多建筑工程的投入成本,加大造价控制管理的难度。

(三)施工过程

建筑施工对工程造价影响重大,施工过程中的造价管理控制最为关键。建筑施工是开展工程建设的直接过程,只有降低建筑施工的成本,提高施工管理的质量,才能将造价控制管理落到实处。具体而言,需要注重以下几个要素的影响:

施工管理的影响。施工管理越高效,项目工程投入成本的使用效率越高。

设备利用的影响。设备利用效率越高,项目工程花费的成本越少。

材料的影响。材料物美价廉,项目工程造价管理控制可以发挥实效。

(四)结算过程

工程施工基本完毕后,仍然需要进行造价管理,对工程造价进行科学控制。工程结算同样是造价控制管理的重要组成部分,很多造价师忽视了结算过程,导致成本浪费问题出现，使企业出现了资金缺口。在这一过程中，造价师的个人素质、对工程建设阶段价款的计算精度，如建筑工程费、安装工程费等，都会影响工程造价管理的质量。

二、当前建筑工程项目造价管理控制存在的问题

（一）造价管理模式单一

在建筑工程造价管理的过程中，需要提高管理精度，不断调整造价管理模式。社会主义市场经济处在实时变化之中，在开展工程造价管理时，需要分析社会主义市场经济的发展变化，紧跟市场经济的形势，并对管理模式进行创新。就目前来看，我国很多企业在开展造价管理时仍然采用静态管理模式，对静态建筑工程进行造价分析，导致造价管理控制实效较差。一些造价管理者将着眼点放在工程建设后期，忽视了设计过程和施工过程中的造价管理，也对造价管理质量产生不利影响。

（二）管理人员素质较低

管理人员对项目工程的造价管理工作直接控制，其个人素质会对造价管理工作产生直接影响。在具体的工程造价管理时，管理人员面临较多问题，必须灵活使用管理方法，使自己的知识结构与时俱进。我国建筑工程造价管理人员的个人能力参差不齐，一些管理人员具备专业的造价管理能力，获得了相关证书，并拥有丰富的管理经验；一些管理人员不仅没有取得相关证书，而且缺乏实际管理经验。由于管理人员个人能力偏低，工程造价管理控制水平很难获得有效提升。

（三）建筑施工管理不足

对项目工程造价进行分析，可以发现建筑施工过程中的造价控制管理最为关键，因此管理人员需要将着眼点放在建筑施工中。一方面，管理人员需要对建筑图纸进行分析，要求施工人员按照建筑图纸开展各项工作。另一方面，管理人员需要发挥现代施工技术的应用价值，优化施工组织。很多管理人员没有对建筑施工过程进行预算控制，形成系统的项目管理方案，导致人力资源、物力资源分配不足，成本浪费问题严重。

（四）材料市场发展变化

我国市场经济处在不断变化之中，建筑材料的价格也呈现出较大的变化性。建筑材料价格变化与市场经济变化同步，造价管理控制人员需要避免材料价格上升对工程造价产生波动性影响。部分管理人员没有将取消的造价项目及时上报，使工程

造价迅速提升。建筑材料价格在工程造价中占据重要地位，因此要对建筑材料进行科学预算。部分企业仅仅按照材料质量档次等进行简单分类，当材料更换场地后，价格发生变化，会使工程造价产生变化。

三、提升工程项目造价管理控制效果的关键性举措

（一）决策过程

在决策过程中，即应该开展造价控制管理工作，获取与工程项目造价相关的各类信息，并对关键数据进行采集，保证数据的精确性和科学性。企业需要对建筑市场进行分析，了解工程造价的影响因素，如设备因素、物料因素等等，同时制定相应的造价管理控制方案，并结合建筑工程的施工方案、施工技术，对造价管理控制方案进行优化调整。企业需要对财务工作进行有效评价，对造价控制管理的经济评价报告进行考察，发挥其重要功能。

（二）设计过程

在设计阶段，应该对项目工程方案设计流程进行动态监测，分析项目工程实施的重要意义，并对工程造价进行具体管控。企业应该对设计方案的可行性进行分析，对设计方案的经济性进行评价。如果存在失误之处，需要对方案进行检修改进。同时，要对项目工程的投资额进行计算，实现经济控制目标。

（三）施工过程

施工过程是开展项目工程造价管理控制的重中之重，因此要制定科学的造价控制管理方案，确定造价控制管理的具体办法。企业需要对工程设计方案进行分析，确保建筑施工实际与设计方案相符合。在施工过程中，企业要对人力资源、物力资源的使用进行预算，并追踪人力资源和物力资源的流向。同时，企业应该不断优化施工技术，尽可能提高施工效率，实现各方利益的最大化。

（四）结算过程

在工程项目结算阶段，企业应该按照招标文件精神开展审计工作，对建设工程预算外的费用进行严格控制，对违约费用进行核减。一方面，企业需要对相关的竣工结算资料进行检查，如招标文件、投标文件、施工合同、竣工图纸等。另一方面，企业要查看建设工程是否验收合格，是否满足了工期要求等，并对工程量进行审核。

我国的经济社会不断发展，建筑项目工程不断增多。为了创造更多的经济效益，提升核心竞争力，企业必须优化工程造价管理和控制。

第四节 节 能建筑与工程造价的管理

当前社会经济快速发展的同时,也给生态环境带去了严重的影响,在这种情况下国家强调要节能减排。建筑行业在快速的发展中,建筑就具有高能耗,所以,建筑行业进行变革是一种必然趋势,节能建筑的出现和发展受到了社会各界的关注,其对于居民居住环境的优化具有积极影响,所以,这就要加强对节能技术进行推广。但是节能建筑的造价通常也比较高,所以,要促进节能建筑的推广,提升项目效益,就需要加强造价管控,减少建设的成本,本节就分析了节能建筑与工程造价的管理控制。

建筑具有高能耗的特点,当前国内城市建筑在设计中约有超过90%的建筑未进行节能设计,很多建筑依然还是高能耗,就住宅来说,建筑中空调供暖能耗就占据国内用电总能耗的25%~30%,南方夏季和冬季是使用空调的高峰期,在南方的用电量高达全年的50%。环境污染让大气层受到了严重的破坏,近些年来国内各地夏季高温季节时间长,在空调的用电量上也是在不断的增加,南方冬季一些恶劣天气日益增加,长期如此,高能耗建筑会让国内能源受到很大的挑战。按照统计国内每年的节能建筑要是能够增长1%,就可以节约数以万计的用电量,可以有效的节省能源,所以,为了更好的推广节能建筑,就需要思考怎样有效的控制造价。

一、节能建筑与工程造价之间的关系

(一)节能建筑对于行业的主要影响

当前能源紧缺问题越来越严重,所以,怎样建立节能建筑,优化城市生态环境,就是建筑工程发展的一个重要方向。建筑行业需要将科学发展观以及建立节约型社会发展的理念进行融合,加强对节能建筑的开发,促进建筑物功能的发展。要提高建筑的使用效率以及质量,就需要采取多样化有效的措施科学的控制建筑材料,制定出最科学的施工方案,在节能环保的前提下,减少工程建设的成本。

(二)工程造价对于节能建筑的有效作用

节能建筑在施工中,工程造价就已经进行了严格的控制,要是施工方不能够全面正确的认识节能,选择材料存在不合理的情况,那么就会影响到建筑的节能性,并不能称作真正意义上的节能建筑,这样的建筑后期在各项资源方面的浪费问题也会很严重。工程造价在控制成本的基础上,还需要重视节能减排的理念,让建筑成本以及节能环保能够实现平衡。

(三)节能建筑和工程造价管理思想的变化

要想让节能建筑理念可以得到更好的推广和应用，造价工程师就需要对以往的造价管理思想进行改变，让工程造价不再限制在对建筑物成本进行控制，还需要全面的研究工程投入使用之后的成本，这样才可以让建筑物真正的做到节能，让建筑工程造价管理可以充分发挥出应有的作用，全面的监督管理建筑工程。

二、节能建筑与工程造价的管理控制

(一)以建筑造价管理为切入点分析建筑物节能

要促进建筑企业现代化发展，就需要注重建筑资源的选择，包含建筑使用时需要供应的各项资源。现代式建筑要求热供应、水资源以及点供应所使用的管道线路等要在墙体内部进行布置，且要让建筑物可以正常的使用，还要考虑每个地区的人们在住房方面的不同要求，在北方就需要注重建筑物内部热能供应，而要是在南方，就需要注重热水器设计，在节能建筑方面一个关键内容就是怎样科学有效的设计建筑。

第一，对于节能问题需要综合的进行分析，包括建筑技术的应用、材料应用、先进工艺和建筑设备等。在设计造价方案的过程中，工作人员需要先全面的调查研究市场情况，了解行业内的执行发展动向，要能够熟练地的使用高新技术和设备，进而对建筑造价方案进行合理的规划。需要以经济核算为中心设计造价方案，不仅需要实现建筑的节能，还需要兼顾企业的经济效益。所以，要想节约建筑中要用到的各种能源，就需要深度的思考各方面，如，建材选择、周围环境等等，虽然运用新材料可以节能，但是也需要结合实际情况，不然只会增加施工的难度，会让建筑技术成本增加，需要增加投入，影响到项目的效益。所以，这就对有关工作人员提出了较高的要求，需要确保能够及时、可靠的提供信息，为建筑节能工作的开展提供依据。除此之外，还需要构建完善的建筑造价工作管理体系，给造价管控工作的开展提供依据和规范。

(二)材料选择需要注重造价控制

在节能建筑发展中可以看到很多的亮点，比如，建筑材料的应用，在选择材料设计方面使用了稳定室内温度的同时也可以对气候进行调节的材质，这在过去是很难看到的，由于其成本较高，以及太阳能热水器的普及，多管道应用、排水技术合理化等，这些都让我们可以看到节能建筑理念的体现，在业内展会中也可以看到绿色科技的发展，比如，绿色墙面，就是由生态植物构建成的，这也被很多的建筑设计进行采用，可以给人们的生活带去更多的舒适感受。再比如，铝合金模板，在组装上比较方面，无需机械协助，系统设计简单，施工人员的操作效率高，这有利于节省人工成本。铝膜版还具有应用范围广、稳定性好、承载力高、回收价值高、低碳减排等优点，可以减少造价。

（三）构建主动控制、动态管理的造价管理体系

在节能建筑的造价管控方面，需要将这一工作渗透到建筑建设的各个环节。施工单位在施工前需要先做好预算，要主动的评估各个环节的建筑成本以及使用成本，以此为基础，合理的对工程整体的造价进行管理控制。施工单位在施工中，除了要全面的监督管理工程造价之外，还需要加强自己对于节能环保的认知，选择节能环保的新材料，引入先进的国际管理理念，让企业管理能够实现更好的发展，构建主动控制、动态管理的造价管理体系，进而让节能建筑造价管理体系可以充分发挥出作用。

（四）加强节能建筑的设计，控制成本

节能建筑的设计十分重要，需要对设计方面进行优化，进而为建筑后面的节能和造价管控奠定良好的基础。比如，在设计建筑内部热工选材方面，就需要注重减少热量的大幅度流失，避免出现供热能源没有必要的损耗，为了实现这一目标，在设计方面就需要进行优化，如，选择屋顶的材料时，需要确保热量不会从屋顶有太多的流失；在选择墙壁材料时，要基于科学的门窗设计确保室内通风换气良好的基础上，选择合理的隔热材料，在墙壁的内外选择合理的保暖或隔热材料；选择门窗的材料时，和传统的单层玻璃相比，双层真空玻璃的热量储备效果要更好。再比如，在设计内部采暖时，要确保建筑物适宜居住，就需要在设计的过程中注重考虑建筑物的朝向和地点，还有自然地理环境对建筑物采暖的影响等，进而合理的设计，让建筑物内可以有效的导热和散热，对室内热量储备进行自主调节，减少对空调等的使用，节省能耗，也可以减少成本。

（五）加强施工阶段的造价管控

施工阶段是工程建设中非常重要的一个环节，也是成本最高的一个环节，所以，这就更加需要注重对造价进行管理控制。在施工环节，就是在施工中实际检验企业的造价方案，要是有问题，就需要第一时间解决，并且要进行反思，吸取经验教训，对自己的体制进行健全。企业需要主动响应国家的号召，依据国家基本政策要求，推行

节能环保理念，引进新的工艺，节省能源，保护好环境。在施工中设计人员需要强化自身专业节能的探究，不断提升自己的素质，加强节能环保的意识，且要坚持学习先进的管理理念，要结合实际环境情况制定相适应的施工方案。

综上所述，节能建筑是当前建筑行业发展的一个重要趋势，其符合经济效益以及可持续发展的要求，能够对居住环境进行优化，促进人们生活质量的提升，有效的利用资源。所以，为了促进节能建筑的发展，让建筑物实现真正意义上的节能，就需要在落实环保节能理念的同时，注重对造价进行管理控制，采取有效的措施，提升造价管控效果。

第五节　建筑工程造价管理系统的设计

一项建筑工程项目的管理工作具有十分重要的地位，而工程造价全过程动态控制工作是管理工作的重要内容，其可以影响整个建筑工程质量的高低以及进度的快慢。工程造价全过程动态控制工作又称作工程造价全程管理，其对于一个工程的整个过程都有着一定程度的影响，建筑工程的最初筹建但后期的结束以及建筑工程的质量检测，这一过程都离不开全过程工程造价管理工作，因为科学的落实造价全过程，可以确保整个建筑工程的最终利益。

随着我国经济水平的快速提升，我国的各个行业都在不断发展、发现新的管理体制，21世纪是网络化的时代，因而网络信息化管理体制成为了我国众多领域的首选管理方法。该管理体制通过对大量数据的记录与分析，以达到有效的管理目的。而在建筑工程造价过程中，应用云计算系统对整个过程进行管理，已经成为了建筑领域的主流。主要通过建立建筑工程造价系统，保证该系统能够全面适应造价管理机制，从而有利于造价监督管理的高效化和智能化，以此促进建筑行业的健康发展。本系统将计算机的特性高效利用，建立与建筑造价活动相关的资料信息系统，为建筑工程提供准确的工程造价服务。受我国经济的高速发展以及经济全球化的发展等因素的影响，导致我国建筑企业受到深远影响，大部分建筑企业开始加大对建筑工程造价全过程动态控制的重视程度，建筑工程在开展工作时相较于以前明显管理水平得到了提升，同时促进了建筑企业的进一步的发展。

一、管理信息系统概述

随着我国信息技术的不断发展，建筑工程的管理信息系统的定义也随之不断更新。目前，将管理信息系统分为两部分，分别是人和计算机（或智能终端）。管理信息又分为六个部分组成，分别是信息收集、信息传播、信息处理、信息储存、信息维持、信息应用。管理信息系统属于交叉学科，具有综合性的特点，该学科组成包括：计算机语言、数据库、管理学等。各种管理体制都离不开一项重要的资源，那就是信息，有质量的决策是决定管理工作优劣的重要调件，而决策是否正确取决于信息的质量，信息质量越高决策的准确率越高，因此，确保信息处理的有效性是关键的一部。

二、系统目标分析

每一个管理系统都有一个特定的功能目标，其目标具体指管理系统能够处理的业务以及完成后的业务质量。建筑工程造价系统可以通过图片、录像、文件、数据等方式来观察工程的进展情况，主要反映工程的质量、安全性以及工程成本。同时可以随时观察建筑工程完成程度、工程款的支出与收入情况、外来投资的使用情况等。建立有效完整的统计分析功能，以此方便建筑公司对基层建筑项目全方位的分析，进而通过比较分析工程的需要。另外，还能后通过工程造价管理平台计划，能够体现出计划与实际的差距，有利于后面工程的执行。配合构建合理的报表体系，该报表要确保符合国家相关部门的要求，同时符合建筑公司对业务管理的需求。建筑公司的各个部门均要严格按照要求制定报表，这样可以有效的减轻报表统计的工作量。

三、系统构架、功能结构设计

建筑工程造价管理系统的核心是数据库，任何一个工程处理逻辑均需要数据库做辅助，因此该管理系统中数据库有着不可替代的地位。其中，多个数据进行操作过程可以对应一个处理逻辑。为了稳定系统的性能，需要将系统的各项业务进行合理的分离处理，每一个业务活动都有与之相对应的模块，众多业务模块中，任何一个发生变化都会影响其他业务，系统设计时要将系统的扩展性考虑在内，这样能够减轻软件维护的工作量。系统的功能结构主要包括三个部分，分别是工程信息模块、工程模板模块、招标报价模块。首先，工程信息模块内容主要有项目信息、项目分项信息等。而资料中未提到的项目，应该根据实际情况做出相应的补充。工程模板模块的主要功能是，根据不同建筑工程的信息选择最适宜的造价估算模板。模板必须通过审核才能够被应用。最后，招标报价模块内容有，器材费、材料费、项目费用等。其主要功能有定期查询工程已使用材料的价格单、维护价格库、制定新建工程项目的报价单等。

综上所述，归根结底可以看出一项建筑工程的成功完成，永远离不开工程造价全过程动态控制分析管理工作的有效进行,其在保证最大经济效益的同时还能确保施工进度的完成速度。从建筑工程施工的最初计划指导到施工全过程的合理安排,都应严格根据已经落实制度进行施工,保证其科学性、安全性以及有效性,提高工作的效率,通过一系列的手段来达到高质量建筑工程的目的。

建筑工程施工活动需要有科学的管理体系作为支撑,在应用新型管理平台时,必须要兼顾多个管理项目,包括人员、资金以及其他物质资源等。管理者应当通过造价管理系统来全面地落实造价管理工作,不同工程的资金消耗情况不同,具体设定的工程造价也存有差异性,本节结合现代造价管理需求,探讨设计造价管理系统的方法。

计算机技术在工程管理环节中发挥的作用越来越多重要,在很多管理环节中,造价管理系统都可以发挥作用,科学的管理平台可以满足一些基础性的工程管理需求。针对当前的工程造价管理活动之中存在的问题,可以利用更多科学技术手段与数据资源来建设符合造价管理需求的综合化管控平台,管理者也要有意识地使用新的信息工具来辅助造价管控工作,本节提出设计新型造价管理系统的方法,并分析系统在工程结算等环节中的使用效果。

基于系统的需求的分析,建筑工程造价管理系统中,项目部、财务部、采购部、设计部、施工部等都是通过浏览器方式进行操作的即系统采用B/S模式。这些部在行政上既是相互独立的又是逻辑上的统一整体,都是为工程建设服务。用户管理子系统主要是用来管理参与建筑工程项目的所有人员信息,包括添加用户、修改用户信息、为不同的用户设置权限,当用户离开该工程项目后,删除用户。造价管理子系统主要是对工程建设中的资金进行管理,包括进度款审批、施工进度统计、工程资金计划管理、材料计划审批、预结算审核、造价分析等。工程信息管理子系统主要是对工程信息进行管理,包括工程项目的添加、修改、删除、项目划分,工程量统计等。

材料设备管理子系统主要是对工程所需要的材料和设备进行管理,包括采购计划的编写,招标管理、采购合同管理、材料的入库登记和出库登记。实体ER图是一种概念模型,是现实世界到机器世界的一个中间层,用于对信息世界的建模,是数据库设计者进行数据库设计的有利工具,也是数据库开发人员和用户之间进行交流的语言,因此概念模型一方面应该具有较强的表达能力,能够方便直接的表达并运用各种语义知识,另一方面它还应简单清晰并易于用户理解依据业务流程和功能模块进行分析,系统存在的主要实体有:用户实体、工程信息实体、分项工程实体、设备材料实体、定额实体、工程造价实体、工程合同实体等。

随着计算机技术及网络技术的迅猛发展,信息管理越来越方便、成熟,建筑工程信息管理也逐渐使用计算机代替纸质材料,并得到了推广和发展。本建筑工程造价管理系统采用当前流行的B/S模式进行开发,并结合了Internet/Intranet技术。系统的软件开发平台是成熟可行的。硬件方面,计算机处理速度越来越快,内存越来越高,可靠性越来越好,硬件平台也完全能满足此系统的要求。

建筑工程造价管理系统广泛应用于建筑工程造价管理当中,可以有效的控制造价成本,降低投资,为施工企业带来极大的利益收获。在控制施工进度和质量的前提下,确保工程造价得到合理有效的控制。从而实现施工企业的经济效益。本系统发经费成本较低,只需少量的经费就可以完成并实现,并且本系统实施后可以降低工程造价的人工成本,保证数据的正确性和及时更新,数据资源共享,提高工作效率,有助于工程造价实现网络化、信息化管理。建筑工程造价管理系统主要是对各种数据和价格进行管理,避免大量繁琐容易出错的数据处理工作,这样方便统计和计算,系统中更多的是增删查改的操作,对于使用者的技术要求比较低,只需要掌握文本的输入,数据的编辑即可,因此操作起来也是可行的。

四、工程造价管理系统分析

(一)建筑工程招投标环节

在进入到建筑工程的招投标阶段中之后,需要进行招标报价活动,利用造价管理系统来完成这一环节中的造价管控任务,招标人需要在设定招标文件之后,严谨检查招标文件,注意各个条款存在的细节问题,确认造价信息后需开启造价控制工作,为后续的造价控制工作提供依据,将工程相关的预算定额信息、各个阶段的工程量清单与施工图纸等核心信息都输入到造价管理平台中。

工程量清单的内容必须保持清晰明确,同时每一个工程活动的负责人都必须认真完成报价与计价的工作,具体的投标报价需要符合工程的实际建设状况,考虑到工程资金的正常使用需求的同时,还必须对市场环境下的工程价格进行考量,参考市场价格信息,工作人员还必须编制其他与工程造价相关的文件。

(二)建筑施工环节

施工环节是控制工程造价的重点环节,在前一个造价控制环节中,一些造价设定问题被解决,施工单位能够获取更加科学的造价控制工作方案,按照方案中具体的要求来展开控制工程成本的工作即可,但是实际施工环节中仍旧会产生一系列的造价控制问题,主要是受到了具体施工活动的影响,当施工环境的情况与工程方案设计产生冲突之后，工程的成本消耗会出现变动，工程造价也随之出现变化，因此这一建设阶段的造价控制工作必须要被充分重视。使用造价管理系统来核对实际的工程建设情况，是否符合预设的造价数值，一旦需要增加或者减少工程量，需要先向上级部分申请，确定通过审核之后，才可真正地对工程量进行调整，并且需要清晰记录造价变动情况，确定签证量信息，在后期验收环节中，还必须注意对项目名称进行反映，形成完整的综合单价信息之后，将其向造价管理平台中输送，出现信息不精准的情况之后，要联系相应的施工负责人，确定造价失控情况形成的原因，避免出现结算纠纷的问题，新型造价控制方法的优势体现在其具有的动态化特点，当实际的工程情况出现变化之后，可以在平台中随时修改数据。

（三）竣工结算环节

造价管理平台在最终的项目结算环节中也可以辅助造价控制工作，管理者可以直接字平台上对工程量数据进行对比，确定签订合同、招投标以及施工工程中的造价信息是否可以保持一致，验证造价管理工作的开展效果，将造价管理的水平提升到更高的层次上。

新型造价管理平台支持更多与造价相关的操作，一些既有的造价控制问题也被解决，工作人员可以使用新型信息化工具来调用造价数据库，增强控制工程造价的力度，综合造价管理水平被提升，多个环节中难以消除的造价管理问题被化解，工程资金损耗也被减少。

造价管理是当前大型建筑工程中的重点管理任务之一，建筑工程需要创造的效益有很多种，建设方的工程建设理念发生改变之后，工程建设工作的整体难度也被提升，因此一些新型技术手段必须在工程管理环节发挥作用。本节重点针对造价管理这部分需求，设计了可使用的管理平台，工程人员必须要参考正常造价以及成本管理任务来完善平台内部系统，以此保障依托于信息化科技的造价管理平台可被正常使用。

第七章 建筑工程施工管理

第一节 建筑工程施工的进度管理

圆满完成工程项目建设的任务，这是有待于我们每一个工程建设者认真探讨的问题。

一、建筑工程施工进度的影响因素

建筑工程施工项目的进度受多种因素的影响，具体包括人为因素、技术因素、资金因素、气候因素和外部环境因素，等等。但通常对进度影响最大的是人的因素。

（1）没有充分认清项目的特点与项目实现的条件。如没有做好充分的工程前期策划工作对政府资源的掌控能力不足，相关地址、文物勘察没有做好相应的前期了解等因素都是制约施工进度的主要因素。

（2）项目管理人员的失误。如项目组人员未制定有效可行的进度计划，并未按设计规范或技术要求来控制施工，造成质量、安全问题，而引起返工延误进度；从而无法在进度计划控制范围内有效的达到质检、安检的过程监督检查。

（3）施工阶段的进度管理工作不力，这会直接影响到施工项目的进度。

二、施工进度控制的影响因素

（一）人为因素的影响

建筑工程的施工与完成的时间、完成的好坏，其中最重要的就是人为因素。因为人是整个活动的主体，一切的施工安排、组织调配、合作协调等都是靠人来完成，而这些，都是影响建筑施工进度的直接因素。影响建筑工程进度的不只是施工单位，事实上，只要是与工程建设有关的单位（如政府主管部门、建设单位、勘察设计单位、物资供应单位、资金贷款单位、以及运输、通讯、消防、供电部门等），其工作进度的拖后必将对施工进度产生影响。因此，除了施工单位要组建得力的项目部，深入做好人员配置，选出组织能力强、经验足、具有计划、控制和协调意识，预见力和敏感性好的的人员做项目经理，同时应充分发挥监理的作用，利用监理的工作性质和特点，协调各工程建设单位之间的工作进度关系。

（二）工程材料、物资供应的影响

一个庞大的建设项目，需要配置大量的工程材料、构配件、施工机具和工程设备等。首先是劳动力资源的配置。人力资源配置不足或不均衡，必然影响建设项目的施工进度。其次是材料供应的影响。如果工程材料的供应不能满足工程建设需要，导致周转材料不足，使可以同时展开的工序被分段实施；当地材料资源缺乏或运输条件较差，导致主材采购供应困难；材料供应商不能如期供货等，都可能导致建设工期的延误，影响施工进度。最后还有施工机具的影响。施工机具配置过多，就会导致资源浪费，堵塞施工现场，影响工作面的展开；机具配置过少，就会造成施工效率低下，人员和材料闲置，从而影响施工进度。

（三）资金的影响

工程施工的顺利进行必须要有足够的资金作保障。建设单位资金不足或资金没有及时到位，将会影响施工单位购置工程材料、构件等的时间，影响施工单位流动资金的周转，进而拖延施工进度。施工条件的影响建筑工程的施工，对环境的依赖性很大。恶劣的气候环境，水文、地质等条件，例如台风、暴雨、疾病、电网不正常停电、不明障碍物等外在环境，都会影响施工进度。

三、开展建筑工程施工进度管理的具体措施

（一）加强施工组织管理

工程项目部管理层人员、工程主要技术骨干等施工核心队伍应当由具有丰富施工经验的人员所构成，为了确实保障工期目标的实现，应当努力确保本建筑工程所需要各种的人力、物资以及设备等等，从而快速组织人力、设备与材料等进场。在施工合同签署之后，本施工项目的主要管理者应当快速到位，并且积极组织实施现场调查，编制出符合工程实际需求的实施性施工组织设计方案。在此基础上，应当加强和地方、当地民众的沟通与联系，全力争取得到当地群众的理解与支持，从而为工程的顺利施工创设出较好的外部环境，确保工程施工能够顺利开展。在建筑工程项目开工之前，应当结合现场所具有的施工条件，认真安排好临时性设施，并切实加强各项施工准备工作，编制出该工程的重点与难点，并且落实好具体施工方案。在实施之前，一定要及时报请监理人员进行审核与批准，从而尽量地缩短工程施工准备环节的时间，尽力保证早进场与早开工。在施工的过程之中，应当实施标准化施工，严

格依据质量标准管理体系的要求，按照施工的进度要求，分别编制每月、每旬、每周的详细施工计划，并且合理地安排施工工序，实现平行化流水作业，从而提高施工的进度。

（二）加强施工物资管理

为确保工程项目的施工进度，每一道工序所要求的原材料、构件与配件等均应在事先就做好充分的准备，并且落实好各类物资的质检、实验、取样复试等相关工作。施工单位要按照工程进度计划之要求，建立起相应的施工物资采购计划，其中所采购材料的订货合同当中应当注明供货的时间、地点等具体条款。

（三）加强施工设备管理

施工机械设备对于工程施工效率而言具有决定性意义，将直接影响到建筑工程建设的进度。比如，塔吊管理工作就会影响到整个施工现场实施的进度。有鉴于此，包括塔吊设备基础是否稳定、塔吊安装与使用一定要有专门组织机构进行质量安全方面的鉴定，而操作人员一定要做到持上岗证进行操作。当然，施工现场的各类施工机械设备均应经过上级相关主管部门的安全检查与检验，同时，应当实施岗位责任制，做到责任到人，促使操作人员能够严格依据操作流程进行规范化作业，从而确保机械设备能够正常运行，并且确保现场人员的安全。

第二节 对建筑工程施工现场管理

随着我国城市化进程的推进，促进了建筑行业的发展。现如今，建筑工程的数量逐渐增多，这一方面给建筑施工单位带来了巨大的机遇，同时也造成了较大的竞争压力。而建筑施工单位要想获得进一步的发展，就需要提高自己的管理水平，因为其管理水平的高低会对其信誉产生影响，一旦现场管理效率较好，就会提高整个工程的施工质量，这样用户的满意度也会得到提高。

在实际的施工过程之中，建筑工程施工的技术水平决定着整个建筑工程的施工质量。因此，在现场施工技术的管理之中，首先要确保实际的施工工程技术水平的重要基础性，也要保证施工质量以及安全的重要管理工作。做好企业的施工技术管理可以进一步提升企业的工程质量，加强员工的工作积极性，提高企业的核心竞争能力。

一、现场管理的重要性分析

（一）有助于提高整个工程的施工质量

建筑工程项目的周期较长，这使得项目的施工现场管理也非常的复杂，存在着各种各样的问题，而且这些问题的处理难度较大。例如，施工器械的管理、施工人员的管理、各施工环节的有效对接等等，这些都属于现场管理的范畴。在工程施工中，如果这些问题没有得到有效地处理，就会导致其他子项目的施工也会受到影响。建筑工程项目属于一个系统性的工程，是由众多流程结合在一起，并不是独立的环节管理。

（二）有助于施工企业形象的提升

现如今，人们的生活质量有了较大的改善，这使得他们对自己的居住环境有着更高的要求。在这种背景下，人们对工程的施工质量有了更高的期待。施工单位如果重视现场管理工作的开展，协调好工程施工中各项管理工作，以提高自己的管理水平，这样整个工程的质量就会得到提升。当人们发现工程的质量符合自己的期许，他们就会对这个工程的施工单位有着好感，从而提高本企业的口碑。

（三）有助于提高工程的利润与效益

在建筑工程施工中，施工企业要想获得更大的利润，就需要对施工成本进行相应的控制。而要想实现这一点，就必须要重视工程的现场管理工作。因为一个良好的现场管理，能够使人力资源、物力资源等得到有效的配置，能够防止出现浪费资源的情况。

二、建筑工程施工现场管理优化措施

（一）完善现场管理制度

在国内建筑工程施工现场管理方面，普遍缺乏完整规章制度，以至于现场管理主要依靠人员临场指挥，一旦更换管理人员将重新建立管理规则，导致现场管理效果受到影响。为提高管理成效，需要对施工现场管理制度进行完善，结合工程实际情况完成施工制度的制定，做好责任的划分，保证施工方案能够有效落实。形成相对固定的、行之有效的管理制度，能够确保前后任工作的顺利延续。结合工程施工现场管理目标，还应明确施工作业流程，设立相应管理制度，对施工人员进行培训，同时加强对施工材料、设备的使用约束，使现场管理工作得以高效开展。

（二）重视质量监督检查

施工现场分布有大量材料、工具、设备，需要采用各种施工技术和方法开展作业。如果想要保证工程建设质量，就需要加强质量监督检查，确保材料质量得到严格管理，并且使施工技术方法得到科学运用。作为现场管理人员，缺乏质量意识将导致人员作业缺乏有效监督，使工程各环节施工缺乏控制，继而导致施工质量因现场管理水平低下受到影响。针对建筑工程，人员在现场管理中需要从各方面实现施工质量监督检查，保证分项分部工程建设质量，使隐蔽工程施工得到严格管理，继而避免工程后期返工问题的发生。

（三）贯彻绿色管理理念，提升施工现场管理水平

对于现今房屋建筑工程项目施工而言，营造绿色的、环保的施工现场有着非常重要的作用。针对施工现场扬尘进行喷头喷水处理；把施工废水经过适当处理达后排放至市政污水管网；对施工固体废物进行收集、分类运送当地政府指定地点集中处理；施工期间还应考虑对周边居民的影响，避免施工段产生大量的噪声影响了居民的正常生活。

（四）优化施工技术水平

管理人员在对施工技术进行管理时，应当加强管理意识，对每一个工程环节都认真对待，在设计施工图纸时，管理人员要确保图纸达到工程标准，并反复检查图纸，避免图纸出现问题延长施工进度。一旦进入到施工阶段，施工现场中的施工技术和施工设备也要通过管理人员的检查，确定工程所使用的技术设备能够顺利运行。除此之外，有关部门应当参与到工程的监督中，通过限制施工单位的不合法操作来提高工程的质量，并且政府介入能进一步加强对工程的管理力度，避免出现烂尾工程。大多数施工单位因追求一时利益而忽略了长远的发展，所以施工单位应提供给施工技术方面大量的经济支持，学习国内外优秀的施工技术，以此来保障工程质量，提高施工效率。企业高层也应重视施工技术，更多得了解先进的施工技术给工程带来的影响，新技术不仅能提高施工效率，在对环境的污染程度上也能做到最低，因此，施工单位应完善施工技术，以此提高施工质量。

（五）实施项目计划管理

在施工现场管理上，忽视成本和进度管理问题，将造成工程超期或超预算问题的发生，从而无法取得理想管理成效。为保证管理成效，需要实施项目计划管理，结合项目预算、进度计划开展现场管理工作，明确施工各阶段费用和花费的时长，制定相

应项目方案计划。结合方案要求加强与各方的沟通,明确工程施工管理责任,能够按照计划对工程成本和进度进行严格控制,通过对施工现场进行动态化管理获得理想管理成效。

综上所述,在建筑工程施工现场管理实践中,需要依靠专业团队运用先进理论和手段加强施工现场管理,凭借完善管理制度对现场施工作业、管理活动进行巩固提升,以保证施工现场管理成效得到保证。针对建筑工程,还应加强质量监督检查、项目计划管理,同时重视安全环保管理,使工程施工成本、安全、质量、进度、环境影响等各方面得到有效控制,继而取得理想的管理成效。

第三节　建筑工程施工房屋建筑管理

随着我国经济的发展,建筑工程的市场竞争形式越演越烈,建筑企业想要提高市场竞争力,在激烈的市场竞争中占有一席之地,因此,应该全面提升房屋建筑施工管理水平,针对以往管理工作中存在的问题,制定有效的管理措施,才能提升房屋建设质量,促进建筑施工行业在市场中稳定发展。文主要详细分析了房屋建筑管理,并给出创新策略。

建筑工程行业正高速发展,对工程施工质量、进度、安全和成本等的管理要求也愈来愈高,相关新技术、新工艺也不断被应用。但与之矛盾的是技术管理人员和劳动力均处于短缺状态,给现阶段工程管理带来了较大的难度,管理工作形势不容乐观。所以,施工企业必须加强优化管理方法,提升工程施工管理水平,以适应建筑工程行业快速的发展的需要。

一、房屋建筑工程施工建筑管理的必要性

第一,经过对施工管理方法的创新,使得建筑工程施工技术应用能够充分满足工程发展的需求,发挥出科学技术在建筑工程施工管理中的作用,可以提高建筑工程经济效益。第二,经过创新施工管理模式,完善管理体系,能够全面覆盖施工管理全过程,不留管理死角,及时地发现工程施工中的问题,确保工程各项目标的实现。第三,加强对建筑施工管理的创新,能够积极发挥出施工人员工作积极性,在确保工程施工质量、安全、进度的基础上,减少建设的成本,提升企业的社会经济效益,进而在激烈的市场竞争中获取一定优势。

二、房屋建筑工程施工管理存在的问题

（一）施工材料管理不够重视

为有效地保证建筑工程施工质量符合建设标准，必须加强对施工原材料的管理。当前，仍有少量企业或管理人员为节省建设成本，施工时偷工减料。还有些企业不是有意识的偷工减料，而是忽视材料管理，导致出现问题。比如说：进场后无人核对相关材料规格性能，现场实际施工材料与图纸或规范要求材料不符，导致返工。在材料质量抽样调查的时候，没有严格按照有关规定实施检查，不符合建设质量要求的材料进入现场应用，势必会对整个工程项目施工质量造成直接影响。

（二）缺少风险管控意识

当下大部分相关企业对于施工过程中的潜在风险没有警觉的意识。而对于多发于建筑工程中的人才流失、财务风险、产品风险等现象，工程管理人员将其归咎于企业间的竞争。而对于这一系列现象的成因，工程管理人员并未进行深刻细致的探究。受到这种懈怠慵懒的工作态度的影响，一些施工标准的工程项目往往容易发生信誉流失、资金短缺、利益受损等现象。具体到施工管理工作当中，风险管理意识的缺失则容易导致资本流失和施工事故。

（三）监督意识不够强

由于房屋建筑工程施工技术管理尚未形成标准化、规范化、精细化的明确管理体系，也没有制定针对各个环节的管理细则、管理条例，导致管理过程中管理人员监督意识不强，管理方式落后。管理监督力度决定了整个施工现场是否能够按照要求严格执行相关的工作任务，若缺乏监督，施工现场就会出现各类不规范行为、违法行为，长此以往管理就流于形式，相关人员也养成了松懈、懒散的态度，更加不重视管理内容和管理标准。因此对于房屋建筑企业而言，加强监督力度是促进管理内容具体落实的基础。

（四）施工进度管理达不到预期目标

建筑工程施工管理是一个复杂、庞大、系统的工程项目，有着工程施工周期长、规模大、参建单位多和涉及面广，还受自然条件、技术条件复杂等不确定性因素。进度管理是施工管理中非常重要的内容，建筑工程建设项目管理的中心任务就是有效地控制建筑工程的施工进度，使其能在预定的时间内完成施工建设的要求。近几年来，建设规模迅速扩大，市场中劳动力不足是近期困扰所有施工企业的问题之一。

三、建筑施工房屋建筑管理创新的优化策略

（一）建立管理创新体系

建筑施工本身就具有一定的复杂性，这就需要在管理的时候明确部门分工，为此就需要一套具有高效管理的机构，这就要求管理者对于各部门之间的内部构架有一定的了解，细化各部门的职责，这样在施工当中各部门之间有密切的相互配合，这种协调操作会推动高效管理。

尤其是部门内部的管理机制的完善，可以有效地调动内部管理人员的工作情绪，这在推动施工管理的发展，让其更加的契合实际要求。

（二）工程质量理念的创新体系

（1）在工程施工管理过程中，应树立"质量第一"的重要观念，管理人员应改变以往片面的管理思维，将"质量第一"的理念融入管理过程中。（2）在工程施工管理过程中，应树立"质量第一"的互联性，即工程质量控制并不是独立存在的环节，会影响施工成本、施工进度、施工材料、施工信誉等内容。这种理念的树立使工程质量管理过程可以统筹兼顾，不再具有局限性。（3）要在施工管理过程中，让施工人员明白"保质量"是维护与巩固施工单位信誉的重要基础，只有保证企业信誉才能提升施工人员的自身利益。因此，在施工现场"质量第一"理念尤为重要。

（三）技术管理创新体系

技术在施工项目当中起着关键性的作用，为此就需要改变传统的管理技术办法，让施工管理更具有实用性，为此就需要引入较为先进的管理理念和技术，但是这不是一种盲目的采用而是需要结合企业本身的特点进行选用，有些不适的地方就要进行剔除，或者是完善，对于适合的部分进行不断的强化，在这样去粗取精的过程中充分探索出适合自己企业的管理模式或者是管理技术，若是可以进行自主研发会更加的适用于本企业当中，有了很好的管理措施内容就需要进行实际的落实，为此就需要管理人员进行合理的部署。及早的应用到施工管理当中就可能会占据市场先机，这种技术保障也是为了企业能够更好的发展。

总之，要想提升建筑工程施工管理水平，就要进行管理创新，从管理理念、管理人才以及管理技术等方面入手，结合企业自身特点，将之落到实处，企业施工管理水平才能不断的提高，在当前市场经济激烈的竞争中，才能够立于不败之地。

第四节 建筑工程施工安全风险管理

改革开放以来，我国城镇化进程进一步加快，人民生活水平得到了极大的提高，社会各界对居住环境、办公环境和学习环境等的要求进一步提升，工程建设项目投资数额进一步增加，其数量急剧增加。然而，在实际工程施工过程中，各类影响因素强度在一定程度上增加了建筑工程施工安全风险，给工程项目的顺利完工带来了一定的阻碍。因此，对建筑工程施工安全风险管理与防范的进一步研究和探讨有着极其重要的理论意义和现实意义。

在经济全球化的大背景下，各行各业虽然在一定程度上得到了良好的历史发展机遇，却也面临着产业升级的重大挑战，市场竞争进一步加剧，建筑工程行业同样如此。为进一步提升我国建筑行业施工安全管理水平，切实保障建筑企业为国家经济建设和城镇发展做出重要贡献，本节在探究建筑工程施工安全风险影响因素的基础上，针对性地提出了建筑工程施工安全管理与防范的相关措施，旨在为保证我国建筑企业快速发展和降低企业施工过程中各类安全事故发生的几率带来更多的思考和启迪。

一、建筑工程施工安全风险成因

（一）环境因素

众所周知，建筑工程施工绝大部分为露天作业，且建筑产品具有体量大、一次性和固定性等重要特征，进而使建筑工程施工在极大程度上受工程项目所在地的环境影响，给建筑工程施工安全管理带来了一定的阻碍。露天作业的建筑工程项目施工不仅在极大程度上受制于当地的气候条件和自然灾害等，项目所在地的地质条件更会带来更多的安全隐患。例如，外观相似、建筑结构类同的工程建设项目往往由于软土地基和岩石地基的差异，而在施工技术、施工材料、施工工序和施工机械设备的选择上存在较大的不同。

（二）施工人员因素

工程项目安全施工在极大程度上依赖于建筑工人的专业素养和个人素质，然而在实际施工过程中，不少企业为最大限度地节约建筑成本，提升企业的经济效益和市场竞争力，常常会聘用部分没有施工经验的工人完成相应的施工工序，甚至存在为节省培训费用而让工人未经培训便上岗作业的情况，使得部分没有施工经验、没有施工技术和自身安全意识不强的施工人员进入施工现场,不仅在极大程度上增加了工程项目出现安全事故的概率,也为工程项目施工不能达到预期质量标准埋下了一定的隐患。

(三)施工企业因素

目前,部分施工企业为最大程度上追逐经济利益,往往选择将更多的人力和物力用于对工程设备的引进、技术流程的优化和高级管理人员的聘请等,试图借助施工效率的提升以缩短工程项目工期,进而提升工程建筑的整体效益。然而,施工企业往往在一定程度上忽视了施工过程中的安全投入,在员工安全教育和安全生产培训方面有所欠缺,从而导致项目施工过程中工作人员安全防范意识较差,存在未经培训便上岗、不遵守安全规章制度和违章违规作业等问题,在极大程度上增大了安全事故发生的几率。

二、建筑工程施工安全风险管理与防范措施

(一)建立健全各项安全制度

不同的工程施工项目所在地环境有所不同,适宜科学的安全制度也存在较大的差异。因此,为最大程度上保证工程项目施工的安全性和可靠性,施工企业应在考虑项目人力资源的基础上安排专业人员拟定相应的管理方案,最大程度上了解工程项目所在地的周边环境和水文地质情况等,提升管理方案的实用性和可操作性,并在此基础上不断完善原有的安全管理制度,最大程度上监管和把控工程项目施工过程中存在的安全风险问题,从而增强安全管理方案的适用性,避免管理制度的生搬硬套。同时,施工企业应进一步强化问责制度,保证把施工安全管理工作落实到具体的班组和个人,避免工程项目出现质量问题后互相推诿的情况。此外,建筑企业还应进一步加强对基层工作人员的安全意识教育,最大程度上使施工人员建立起自觉遵守安全制度的意识,充分发挥员工对落实风险监管机制的积极性和主动性,切实保障工程项目施工人员和施工现场的安全。

(二)提高施工人员的素质

在工程项目施工前,施工企业需要对基层施工人员和管理人员等做好安全意识教育和专业知识培训等工作,最大程度上提升工作人员对施工安全的重视度。在工程项目施工过程中,项目部可选择以老带新的制度,不仅在一定程度上提升了企业原有员工的责任感和荣誉感,更能够快速提升新员工的技术水平和专业素养,降低

工程项目施工过程中的安全风险。此外，施工企业还可进一步通过施工人员持证上岗等机制加强对施工工作人员的资质检查，为督促施工人员自觉提升专业技能做出一定的贡献。

（三）提高机械设备的可靠性

建筑工程施工过程中，施工设备的可靠性在一定程度上直接决定了工程施工的安全性，是施工企业安全管理不容忽视的重要部分，因此，管理人员应进一步加大对机械设备的管理力度，定期对机械设备进行维修和检查，尽可能地排除工程施工过程中由于设备故障而发生安全事故的情况。此外，在工程施工前安置机械设备的过程中，工作人员不仅应严格按照有关说明书科学合理地开展设备安装和拆卸的相关工作，更应在考虑施工现场实际情况的基础上选择恰当适宜的机械放置地点，并进一步做好相应的安全防护工作。

（四）风险自留

风险自留是项目风险管理的重要技术之一，建筑工程风险管理中的风险自留要求施工企业在项目施工前便做好相应的成本预算，留出足够的资金用于缓解施工安全事故发生带来的不良后果，最大程度上保证工程项目的顺利完工。若工程项目施工过程中未发生相应的安全事故，则此部分资金转变为项目资本的节余，进而提高施工企业的经济效益。

总之，施工企业在尽可能周全详细地了解本工程施工特点和周围环境的基础上，从人员、现场、环境等影响因素出发，制定相应的风险管理与防范措施是最大程度上降低建筑工程施工过程风险性的重要手段，更是项目管理者针对性地管理项目施工安全风险、保证工程项目顺利完工的重要方式。

第五节 建筑工程施工技术优化管理

施工技术管理是企业建设不可或缺的一部分，优化建筑工程施工技术管理具有重要意义。本节主要探讨了提高建筑工程施工技术质量管理水平的必要性和意义，以及优化施工工程施工技术质量管理水平的有效措施和方法。

建设项目施工技术管理包括文件管理，图纸审查，技术公开，人员培训，安全管理等多个方面。随着社会经济的不断发展，对城市建设的需求不断提高，为建筑企业建立了良好的发展环境。建筑工程是人们生活和工作的重要场所，具有不容忽视的意义。施工企业要全面提高自身水平，保证建设项目的施工质量，取得经济效益和社会效益。

一、施工技术管理的重要性

（一）增加经济效益

经济效益建筑工程施工需要大规模的成本投资与资金投入，要想通过工程建设施工获得可观的经济效益，就要科学地控制成本投入。采用科学、先进的施工技术恰好能满足这一点要求。加强施工技术管理能够对施工材料、施工项目、施工工序、施工过程等做出合理的选择与规划，使工程建设亦步亦趋地开展起来，每一个施工阶段的每一个环节都投入最小的成本，获得最可观的经济收益，也就是用最小的成本投入获得最大的收益。这样能够防止资源的浪费，达到人力、物力、财力等作用的充分发挥，控制施工建设时间，扩大施工企业的经济收益，从而获得一定的竞争实力。

（二）保证建设质量

众所周知，高质量的建筑项目需要高水平的施工技术。只有科学和先进的施工技术才能创造出高质量，高水平的建筑项目。可以说，施工技术是项目建设的硬条件和基础保障，施工项目的施工是从建筑材料中购买的。施工技术的选择和施工技术的应用需要科学技术的规范，指导和支持。只有科学，先进的施工技术才能促进项目建设的有序，规范发展，才能创造高质量的建设项目，才能创造良好的经济效益。

（三）维护施工安全

建筑工程施工是一项高风险的运营项目。一旦施工安全问题发生，将影响工程施工进度，影响施工的经济效益。加强施工技术管理，确保所有施工工作有序，有计划地进行，缩短施工和施工周期，保持整体工程建设的经济效益。

二、建筑工程施工技术优化管理措施分析

（一）加强施工原材料的管理

建设项目原材料管理属于建设项目管理的第一步，也是工程基础的保障。原材料管理主要包括建筑材料采购管理，材料适应性管理以及后期储存和使用管理。在建筑原材料采购优化管理中，要通过新技术加强对材料质量的检测和评价，保证建筑材料的质量。分析建材市场供应商，准确把握材料市场现状，分析市场，运输，保鲜等各种因素对建筑材料采购的影响。科学地计算出具成本效益的供应商；建立综合材料实验室，加强对建筑材料的适应性技术管理，结合建设项目的实际情况，制定

科学的材料应用标准，施工技术参数和相关的技术管理方法等。为了确保建筑材料的所有施工要求都能达到标准；完善建筑材料的保存和使用管理技术。在这种情况下，材料经常被不合理地储存，导致材料劣化。另外虫蛀、腐烂等也将引起材料变质。因此，在材料保存过程中，应妥善保存建筑材料的特性，合理地考虑造成影响的环境因素，以减少材料的劣化。

（二）构建健全的施工技术管理制度

施工企业应建立健全施工技术管理体系，全面贯彻施工工程施工相关法律，法规和政策，严格执行相关技术标准；此外，应定期对施工队伍进行专业技术培训，提高施工人员的专业技能和综合素质，促进施工人员规范化；加强施工监督管理，严格摒弃威胁建设项目质量安全的行为。

（三）健全图纸会审体制

在建筑工程施工管理中，施工单位应准确清楚了掌握设计意图，保证建筑工程施工质量。相关管理人员应联合监理单位、设计师等，对建筑工程设计图纸进行认真的审核。若在会审中发现问题，如材料标记出现错误、施工设计未满足国家标准等，应及时采取补救措施，准确计量，做好设计变更的通知；并组织施工人员及时学习设计图纸，了解图纸，通过图纸的会审，对施工中的各种可能发生的因素进行明确，并采取相应措施进行防范。

（四）提高技术文件的管理

施工单位应科学管理与施工工程有关的各类文件，科学配置和处理施工企业的各种资源。在建设项目施工中，应结合项目的现行施工条件和组织设计图纸，及时进行合理的审查和调整。特别是对于设计图纸的详细管理，应从根本上保证施工图设计图纸的质量和合理性。如果建筑材料和设备在建筑工程中的应用发生变化，将对建筑工程的质量产生一定的影响。如果相关管理人员仅根据设计阶段提供的图纸进行管理，施工项目的质量可能会下降。建设项目施工应及时实施合理改造；另外完善竣工文件管理，建设项目施工期间产生的使用和维护价值有效反映建设项目实际情况的图像，文件资料和图像存档，科学保存。这为后续的建设项目验收，监督和审计提供了相应的科学依据和信息支持；最后，应改进对变更文件的管理。在施工期和施工质量方面，有必要在设计图纸变更前后妥善保存文件，相关数据，说明文件和试验数据。

(五)加强人力资源的管理

建筑工程质量的提高最终要以人为因素为基础,施工技术人员是施工管理的重要组成部分。施工技术方法的合理应用和施工技术的应用率都是直接影响建筑工程施工技术优化管理的因素。在这方面,建筑企业应注重培养综合素质的建筑,技术和管理人才,科学管理。第一,应加强对建筑工人的管理和培训,定期或不定期举办专业技术讲座。不断提高施工人员的操作技能,提高技术安全生产的思想观念。并建立严格的问责制管理,以确保所有施工技术都能得到安全实施。为了有效提高工程建设技术的应用水平;第二,提高施工人员的综合素质。在整个工程中起监督作用的施工项目管理人员是保证整个施工项目高质量的基本前提,要求施工人员不仅要有扎实的施工技术,它还应具有足够的责任感和施工技术意识的管理,对项目质量问题有一定的可预测性,及时处理现有的不足。全面降低建筑工程隐患。建设工程建设责任制的实施具有重要意义。相关技术负责人应当及时,准确地处理现场出现的问题,严格执行施工图纸中的设计内容。

建筑工程施工技术管理在建筑工程中起着非常重要的作用。随着市场经济体制改革的不断推进,中国建筑业也发展迅速。与此同时,建筑公司之间的行业竞争也越来越激烈,再加上同行业中强大的外国竞争者进入中国市场,使得行业形势更加严峻。因此,为了提高施工企业的竞争力,使企业在激烈的竞争中站稳脚跟,必须提高施工工程施工技术的质量管理水平。培养具有优秀能力和质量的团队,降低建设项目建设成本提高工程质量以及企业的社会经济效益。

第六节 建筑工程施工技术资料整理与管理

建筑工程建设中,任何环节都会产生建筑资料,而施工阶段的施工技术资料是整个资料中的核心,对施工技术资料的整理与管理是贯彻建筑工程施工始终的重要环节。文章具体分析了建筑工程施工资料的作用与价值,探究了当前管理中存在问题,并提出有效的解决措施,提升建筑工程施工技术资料整理与管理的水平。

建筑工程施工技术资料整理是指将施工过程以文字的形式记录,并整理成文档的形式;而对施工技术资料的管理则是保障资料内容全面性与真实性的有效手段,随着建筑施工水平的提升,现阶段的建筑工程施工技术资料已不单纯的是指纸张文字,图片、视频等都可以作为技术资料的一部分;而且保存方式也发生了变化,可以直接利用电子文档进行存储。

一、建筑工程施工技术资料概述

建筑工程施工技术资料是对施工全过程的记录，其不仅包括技术应用，还包括施工现场的各项数据，能够从一定程度上反映施工存在的问题以及评估施工质量。而且施工技术资料是施工过程中企业管理水平的直接体现，在施工过程中通过工序、管理措施、质量控制等方面资料直接反映出企业的管理水平与管理方法正确性。另外，施工技术资料还是工程维修的依据，由于其内容真实全面，工程维修环节可以直接找到相应施工内容，根据施工内容合理做出施工维修方案，避免因维修方案不合理，导致影响扩大。

由于施工技术资料对建筑工程有着重要作用，所以对施工技术资料主要有以下几项要求：一是，必须保障施工技术的真实性，施工技术资料必须以施工现场实际情况为蓝本，不能过分夸大内容，或将施工中未出现的内容记录到资料中，从而为工程后期维修、扩建等提供真实的依据。二是，必须严格按照格式进行资料填写，避免出现伪造数据、内容不详实的问题。三是，由各个部门、各个工种、各个工序、各个环节完成施工资料整理后将其上交到专门负责资料整理的部门，对资料内容进行深刻与校对，避免在归档后发现存在问题。四是，保障施工技术资料的全面性，施工技术资料应包括建筑工程基础工程施工、建筑主体结构施工、建筑装饰装修施工、成品、半成品等诸多内容，必须保障内容的全面，才能切实发挥出施工技术资料的作用。

二、建筑工程施工技术资料整理与管理中的问题

目前，由于施工企业对施工技术资料管理的不重视，导致很多施工资料都是在完成施工后总结的，内容的全面性无法得到保障；很多内容都是施工人员凭记忆填写，很容易出现与施工实际情况不符的问题，导致资料内容不真实。同时，施工技术资料中有些内容是施工现场通过反复试验而得出，但很多施工企业为了提升施工效率，施工试验过程不完善，导致施工技术资料也是去了意义。另外，还存在有些施工企业夸大施工资料内容，为了追求完美，将施工很多未出现环节增添到资料中，导致施工技术资料根本不是建筑施工过程的反应，从而无法发挥出施工技术资料的价值。

三、建筑工程施工技术资料整理与管理措施

要做到及时搜集资料。由于建筑工程施工环境复杂、施工事项过多，很多工程还涉及到交叉施工，所以其与施工规划上可能会出现差异，而为了保障施工技术资料的全面性，需要资料管理人员在施工过程中及时与各个施工部分取得联系，对施工现场进行全面把控，及时跟踪各个工序的进度，必须将当日完成的施工信息全部搜

集到,从而及时整理资料,出现内容不明确的情况,也可以及时找到施工人员进行了解。因此,建议从项目规划环节开始,都要坚持今日事今日毕的原则,保障施工技术资料组整理进度与施工进度相符。并且施工技术资料管理人员要认识到一旦资料内容出现问题,其也会对后续资料造成影响,缺少某个环节的资料,会导致资料的不完整。

制定施工技术资料管理制度,制度主要从施工资料整理以及管理两个角度出发。整理要求必须及时、准确、全面,管理上要求工作人员认真校对资料内容,发现异常要及时处理;严格根据资料填写要求进行资料整理,禁止出现个人伪造数据信息的行为;完成资料整理后,要对资料进行归档,可以分阶段或分类型进行,归档的资料不能随时进行查看,如果各个部分发现资料中存在错误,要向上级部分申请对资料进行更改。而且为了提升施工技术资料管理水平,资料的负责人必须明确,一旦资料出现问题,直接向负责人了解情况,并做出相应惩罚。

落实国家规范标准,保障施工技术资料的规范性。我国对施工技术资料的整理与管理有着明确的规范,并对施工技术资料的修订与补充提出了具体的格式要求,必须严格按照要求进行操作,从而才能保障资料有效的更新。

不断提高资料管理人员的能力与综合素质。资料的真实性与其全面性是对施工技术资料整理与管理最基本的要求,所以,管理人员必须具备专业的素质与能力,要对施工的基本施工技术、工程施工使用的工艺、材料鉴定等知识有所了解,能够在整理资料过程中,根据各个部门提供的资料判断资料内容的真实性与可靠性;并且明确施工工序与流程,及时发现资料中缺少的部分。

综上所述,真实、完整的施工技术资料是施工质量、施工管理水平的直接反应,也是施工维修、扩建的主要依据,为此,必须认识到施工技术资料的重要性,不断强化整理与管理能力,在开展施工技术资整理与管理工作中及时进行工作方法创新,提升工作效率与工作质量,保障资料内容充实、可靠,从而强化企业内部实力,促进企业更好更快发展。

第八章 建筑工程项目进度管理

第一节 项目进度在建筑工程管理的重要性

随着城市化进程的加快，人们生活水平不断提高的同时，对建筑行业的关注程度也逐渐升高。特别是在建筑市场如此兴盛的今天，建筑单位不仅要在规定工期内完成对工程的整体施工，同时还要保证建筑的施工质量，根据实际施工情况控制整体施工进度，保证了施工进度的科学性，在降低工程成本的同时，还在一定程度上提高了施工质量。本节从项目进度的管理着手，探讨了项目进度在建筑工程管理中的重要性。

随着经济的迅速膨胀，我国的基础设施建设种类也在随之增多，建筑行业的发展因此而变得飞快，成为现代社会发展中必不可少的重要发展环节。在建设施工过程中，项目进度管理成为建筑工程管理的重要环节之一，关系到了整个建筑工程的质量问题。施工单位若想提高自身的竞争能力，就要完善自身的监督与管理，提高自身水平，而项目进度的管理不仅提高了施工单位整体的管理水平，还在一定能程度上提高了建筑工程质量。因此，项目进度管理在建筑工程的管理中是十分有必要的。

一、项目进度管理重要性剖析

（一）合理安排工期

在建筑工程施工开始前，施工单位按照各施工环节的工程量大小和施工程度难易进行具体施工时间的安排。因为建筑施工的特殊性，大部分工程处于室外，由于受到气候环境和天气等外部因素影响，建筑工程可能无法按照计划建设工期如约完成。因此，这就需要施工负责人对这些意外情况的发生做好预案，制定完整的施工计划，避免以为这些突发情况造成建筑单位不必要的损失。

（二）控制施工成本

建筑工程项目中包括了人力资源在内的设备资源以及资金资源等各种资源的整合。若工程施工方想加快建筑工程的建设，不仅会加大投资成本的投入，同时也无法保证工程质量合格,若工程质量不达标,重复的返工则会造成资源的浪费,造成了恶性循环。施工成本的增加很容易引起项目进度管理的失控,从而导致施工单位遭受更严重的经济损失。在施工过程中,控制施工成本的投入,加强对资金的管控是十分重要的

(三)保证工程质量

在施工工作开展前,施工单位要对施工材料进行严格的把控,检查施工材料的品牌及质量,核对建筑材料的型号及数量,这些都是项目进度中所必需的环节。在我国的一些相关法律文件中,对项目工程的整体质量,极其安全性、美观性和实用性,提出了具体的要求和操作规范,施工单位应按照标准进行工程建设的开展。对建筑材料的严格把控,掌握材料的质量极其安全性能,有助于对整体工程安全进行保障,因此,在施工过程中,掌握施工项目整体进度,合理利用建设资源,制定科学可行的施工计划,有助于施工工作的顺利进行。

二、影响建筑工程项目进度的因素

(一)人为因素

在建筑施工过程中,人为因素的影响对整个建筑工程进度起着决定性作用。因此在建筑施工工程中,要做好施工进度的整体计划,组织协调好各部门之间的合作与调配,由于这些计划的制定和部门之间的协调都是人为进行的,因此人为因素在施工项目进度中的影响较大。

同时,在建筑施工过程中,施工图纸的准确与施工设计的合理都是由专业人员负责的,这些人为因素一旦出现差错,将会直接影响到施工项目的整体进度。同样施工分包企业也是影响项目进度的重要因素之一,其是否履行合同要求、施工过程中是否存在失误等问题,都会对项目进度造成直接影响。除上述人为因素外,质监部门在审批过程中涉及到人的行为活动,由于其时间的滞缓,也成为了项目进度的影响因素之一。

(二)物资供应不足

由于项目施工时间的紧张,人力资源的配置不够科学合理,导致一些建筑施工材料无法跟得上施工进度的开展,一些项目由于周转时间过长、供应材料短缺,这些都会影响施工项目的工程进度。

（三）施工技术有限

施工单位的施工技术高低将直接影响到施工项目的工期进度。从施工人员的专业技术，到整体建筑的施工工艺，这些都是施工项目进度的影响因素，工艺技术的高低、统筹兼顾全局的问题解决能力等，这些都可能对项目进度造成极大影响。

三、项目进度在建筑工程管理中的具体措施

（一）制定科学可行的施工计划

建筑工程管理中涉及到的内容和种类较为繁琐复杂，制定施工计划前要对施工过程中的各方面因素进行综合考量。在制定施工计划前期，要对施工材料的质量进行严格的把控，对施工材料的标准进行反复的核验，认真筛选其品类，并对整体施工材料数量进行最终确认。

在施工开始前，联系好施工材料的供应商，保证施工过程中施工材料的充足供应。同时，要对各项施工设备进行逐个比对，检验其合格证，严查施工设施的质量安全，这不仅是对参建人员人身安全的负责，同时也避免了由于设备停工而造成工期延误的现象。上述这些问题，都需要进行统一的规划制定，否则一旦工程开始施工，各项准备工作如果不充分，就会造成施工现场的混乱，这些遗漏的问题就成为了影响施工进度的问题来源。

（二）确保施工材料的供应

在建设施工过程进度的控制过程中，施工开始前，应对施工各环节中所需的建筑材料及备件准备充分。根据施工进度的计划，施工单位应提前和制定科学的采买计划，准备好各个施工环节和工序所需要的设备及零件清单，并在采购过程中，注意对每一项所采购的材料进行相关资格和合格证书的核对，确保每一个施工环节所采用的建筑材料都安全可靠，从而保证整体建筑施工的质量，进一步确保项目工程的施工进度。

在建筑施工过程中，塔式起重机是所有建筑设备中最重要的核心设备，也是决定整个建筑施工进度的决定性设备，因此，塔式起重机的质量安全监测工作尤为重要。其现场安装工作必须由专业工作人员进行，确保各类施工设备都到达了法律规范中的合格标准，只有对施工材料的数量和施工设备的安全做到了双重质检，才能避免施工中不必要的麻烦，保证建筑项目施工的顺利进行。

（三）做好建筑施工的进度管理

首先，建筑单位要结合企业自身发展的实际情况，参考国家预算方式的配额标准，作为建筑成本预算的科学依据，以建筑企业的成本作为项目进度管理准则和最终评估依据。在建筑材料采买前要对建筑材料市场进行相关调研，进行多厂商之间的性价比比较，增加企业的经济效益。

其次，安全第一永远不仅仅是挂在口头上的口号，安全问题直接关乎参建人员的人身及财产安全，施工单位应对参建人员进行不定期的安全培训，建立参建人员的风险意识，要求其必须严格遵照国家规定的生产条例进行安全建设，时刻坚持以人为本的生产理念，并对施工现场的安全问题加以监督和管理。

最后，要注重建筑施工水平的提高，施工质量的好坏直接关系到建筑的企业的名誉及未来发展，因此，在保证施工项目进度的基础上，提高施工质量，对企业的经营和发展都有着十分重要的意义。

在建筑工程的项目进度管理中，工期延后是建筑市场上普遍存在的问题之一，因此，对于项目进度的管理就显得尤为重要。若想确保建筑施工质量，保证各个环节的建筑施工任务顺利完成，就要把施工项目的进度控制好。不断加强企业对项目进度的管理意识，制定科学可行的项目施工计划，总结自身的和问题，在发展中不断进步，提升企业的综合管理水平。综上所述，建筑工程若想保质保量，就要实施项目进度管理上的不断创新，促进建筑行业的健康稳定发展。

第二节　建筑工程项目进度管理中的常见问题

施工进度管理是建筑项目管理的重点，与施工工程的成本、质量的成本等其他项目有机结合，形成一个总的反应工程实施项目进程的重要指标，因此科学管理建筑工程的项目施工进度，不仅仅是普通的施工周期控制，更是一项涉及面极其广泛、影响因素极其复杂的一系列的施工进度管理行为，从而间接或直接影响施工公司的工程质量和其他工程指标，如何有效的、科学的控制施工进度，是目前大多数工程施工公司所要研究的一个重要课题。工程项目的施工进度控制是五大工程控制的重要内容，建筑项目的最终完成是在施工阶段，因此，在施工阶段进行比较严格的进度控制就显得十分重要。

一、工程项目进度与施工工期的可控性

建筑工程中施工项目进度的可控性，是保证施工项目能按期完成的重要因素，合

理可控的安排施工资源供应,是节约工程成本及其他相应成本的重要措施。当然,这也不是说工期越短越好。盲目的、不合理的缩短工期,会使施工工程的直接费用相应增加,进而增加总投资,甚至会影响到相关的成本、质量安全等方面。而且,有些施工条款中明确规定:在未经过业主同意的情况下,因施工方工期缩短所引起的一切费用增加项目,业主有权利不负担。因此,工程施工方必须做出全面合理的考虑,同业主和工程监理方一起共同实施合理的、科学的进度管理,并进行动态可控制性纠偏。

二、项目进度的的科学性

工程项目的科学性中,先分解工程的工期,其中工期包括:建设期、合同期、关键期和验收期。建设工期中的科学性是指建设项目或单项工程从立项开工到全部建成投产及验收,或交付使用时所经历的科学的、规范的过程。建设工期的科学规范方面是签定合同起、到中间施工、以及分阶段分年度科学的安排与检查工程建设进度的重要计划。而合同工期的科学性是指从承包商接到开工通知令的时间算起,直至完成合同中规定的施工工程项目、区间工程或部分工程,并通过竣工验收期间的合理规划。关键工期的科学性指在区间进度计划的实施中,为了实现其中一些关键性进度目标所用的时间,在此进度计划当中,关键工期的合理规划即为关键线路的合理施工打下坚实基础。所以说有一个科学的、合理的项目进度。可以主次分明,清晰的做出总体项目进度,从而更好的为项目进度的管理服务。

三、建筑工程项目管理的进度

管理进度一般是指一段工程项目实施区间,此段施工结果的进度,在每一小段工程项目施工的过程中要消耗人员、费用、材料等才能完成项目的任务。当然每一段项目的实施结果都应该以此段项目的实际完成情况为目标,如工程的中可量化的进度来表达。但是由于实际操作中,项目对象系统(技术系统)的不可控因素影响,常常很难做出一个合适的,标准的量化指标来反映施工工程的区间进度。比如有时时间和人员与计划都按计划执行,但实际工程进度(工作量)确未能达到到预期目标,则后期就必须增加更多的人员和时间等来补足。建筑工程的施工进度大多分为:预期进度、施工进度、总体进度。预期进度是指该工程项目,按照既定文件所规定的施工工程指标、时间及完成目标等,经预期编制形成的计划进度。且计划进度须经施工监理的工程师批准以后,才能形成相应的进度计划。而当前施工进度指工程建设按原进度计划执行,而后在某一时间段内的实际施工进度,也称实际状态进度。总体进度常用所完成的总工作量、所消耗的总资金、总时间等指标来表示总进度的实际完成的情况。工程项目总进度计划是以全体工程或大型工程的实际建设进度作为编制计划的标的对象，详细来说包括工程设备采购进程、总体设计工作进度、各项工程与实际工程施工进度及验收前各项准备工程进度等内容。单项工程进度计划通常是以组成整体建设项目中某一独立或区间工程项目的建设进度作为该编制计划的对象，如企事业单位工程、企业工厂工程等。在现代工程项目管理的定义中，人们赋予进度以更加综合的含义，它是将工程项目中各项任务、区间施工工期、建设成本等有机的结合起来，形成一个统一的综合性指标，从而全面的反映项目的实际实施情况或各项指标。现代进度控制已不仅仅是传统意义上的的工期控制，而是将施工工期与工程实物、实际成本、劳动力、等资源全面的统一起来。

四、建筑工程项目进度管理的复杂性

首先工程项目的管理是一个很复杂的流程，按照主体的分类，我们可以分为业主的项目管理及施工单位项目管理等，但是不管是谁的项目管理，都绕不开四控三管一协调。这是项目管理的核心内容，这七个方面其实没有说谁重要谁不重要，但是具体到某个主体单位，就会有侧重了。

建筑工程项目中的管理人员，尤其作为（建筑）工程类的项目经理，必须就要有扎实的知识基础，此知识结构应该由三大系统组成：建筑类的知识；工程类的知识，主要是技术类的知识；作为项目管理人员，需要知道相关的管理规范和管理作法。作为施工，需要知道具体的施工做法和工艺。管理类的知识。如何协调，组织和管理整个项目的实施。

建筑类的知识是基础。针对是项目的产出物：产品。只有你知道你需要提供什么样产品，你才能组织去实施，去管理。

工程类的知识是核心。工程前期，产品是需要人员实实在在做好规划的。这个过程集中了项目相对较多的资源和关注度。但对于项目经理，需要了解的程序，是需要知道怎样去做，操作的具体程序。以及如何制定计划，更好的促成整体项目进度的管理。

管理类的知识是保证。项目的实施是一个庞大的复杂系统。需要处理各种各样的情况和问题。靠的就是管理的保证。对于项目，这是不断提升的技能。

安全是最重要的，而且在各行各业都是最重要的，但是到了工程上，尤其会影响整体施工的进度，从开工，我们就讲安全文明施工，三级安全教育，安全交底等，但是实际上因为费用的问题，主要是措施费，以及国内对安全生产的不重视（主要是人员素质较低，知识水平不到位，以及国内对工人的保护机制的不完善），这个问题是在整个工程过程中现场问题最多，出事最多，严重程度最大。具体到业主的工程经理，更

应重视的，尤其要及时核查施工单位采取的措施，但是到实际操作中，因为业主，监理，施工单位职能分工，所以最终业主往往在这个上不会太过于使力，监理方因为种种原因，不太会纠结，大家都控制在一个不发生大的事故的单位内，保证不会因为安全原因停工（质监站，安监站检查），主要有以下几个方面控制，安全资料要完善，特别是一些重要要专家论证的必须资料完善才能施工，例如高支模，滑摸等。其他方面嘛，按照现在国内的情况嘛，作用业主方的话，确保监理，施工方的安全人员以及经费投入到位，如果是施工单位要招一个经验丰富的安全员（不仅仅是技术方面，还有安全管理。不仅可以管好，更大程度上会促进工程项目的施工进度和质量）。总而言之，建筑工程项目管理进度的复杂性，是人员、费用、安全性等三方机制共同发力影响的。只有更好的对这些方面进行严格把控，才能更好的管理施工进度。

五、针对建设项目的进度目标进行施工进度控制

进度计划是根据时间轴来安排项目施工任务，而时间轴中的计划工期确定是根据计算工期、合同工期来确定的，所以说合同工期≥计划工期≥计算工期。所以一般工程都是在合同工期内完成，但是能否在计划工期内完成，这个得根据具体情况分析，一般来说进度计划是动态调整的，意味着很难按进度计划完成计划工作。

影响进度实现的因素无非以下几点，人、机、料、法、环。虽然人的因素是最主要的，但是人的因素是可以通过沟通协调来解决的（不就是钱的扯皮嘛），坏境和方法的选择对进度影响也是比较大的，比如说没有明确整个工程关键部位，导致由于关键部位未及时施工而拖延工期，而天气也是，如果接连下雨的天气，进度也会受到影响。进度计划可分为投标进度计划，中标入场后的总施工进度计划，中期（阶段）施工进度计划／节点施工进度计划，短期（周／半月）施工进度计划。

在编制投标进度计划的时候，比较粗，一般可以认为是施工进度计划中连春节这段施工间歇期我都不考虑的（就是施工进度计划中，春节也排了活），在进场后，排总施工进度计划／年度施工进度计划的时候，起码起码春节因素要考虑的，要把春节期间的那段时间空出来。之后再细化细化到短期（周／半月）施工进度计划的时候，就会切实结合当前的实际情况（施工作业面／人员／机械／图纸是否完善）等因素进行考虑。

第三节　建筑工程项目质量管理与项目进度控制

近年来，我国建筑行业发展迅速，在很大程度上推动了社会经济的发展。而随着建筑工程项目越来越多，工程建设规模越来越大，建筑工程质量与进度问题就越来

越受到了人们的关注和重视。在建筑工程建设过程中，质量与进度之间有着相互影响的关系，想要保证项目质量，就必须做好进度控制工作，想要保证项目进度，就必须做好质量管理工作。本节就建筑工程项目质量管理与项目进度控制这一问题进行详细分析。

随着城市化进程的不断推进，我国建筑行业的发展也得到了有力的推动。现如今，建筑工程项目越来越多，如何有效保证建筑工程建设水平和效益是需要重点考虑的问题。在建筑工程建设过程中，施工的质量和进度是尤为关键的部分，质量的高低以及进度的快慢都会直接影响到建筑工程的整体水平和效益。而作为一个运转中的动态系统，建筑工程项目中的质量与进度这两个指标即矛盾又统一，这就需要施工企业做好进质量与进度之间的协调管理工作，以此来更好的保证建筑工程项目的顺利开展。

一、质量管理与进度控制的重要意义

在工程建筑中，施工的质量与进度是十分关键的部分，二者之间缺一不可。首先，就建筑工程项目的质量管理而言，其是保证工程施工质量的重要管理措施。建筑工程具有周期长、不确定因素多、资金大、人员多、涉及面广的特点，在施工过程中，很多因素都会对工程质量造成影响，而质量管理就是通过对工程项目采取一系列措施进行监督、组织、协调、控制的一项管理活动，在科学有效的管理下，可以更好的保证工程施工的质量。其次，就建筑工程项目的进度控制而言，其是保证工程项目按照施工计划顺利施工的重要措施。在建筑工程施工过程中，各种人为因素、自然因素、技术因素、设备因素等都会对施工进度造成影响，而如果施工进度拖延，那么就会直接影响到建筑工程的整体施工效益。而通过对建筑工程项目进行进度控制，就可以有效保证工程施工进度的合理性和科学性，进而保证施工企业的经济效益。由此可见，在建筑工程建设过程中，做好质量管理与进度控制工作尤为重要和必要，质量管理和进度控制是保证工程整体质量和效益的重要措施。

二、建筑工程项目质量管理措施

（一）建立完善健全的质量管理制度

建筑工程项目质量管理是一项贯穿于整个建筑施工过程中的活动，其具有周期长、涉及面广、系统复杂的特点，因此，想要更好的保证质量管理效率和水平，就必须针对质量管理工作要求和需求，制定完善健全的质量管理制度。利用制度来指导质量管理工作的顺利开展,同时利用制度也可以约束质量管理行为,进而确保质量管理整体水平。对此,施工企业可以建立一个专门的监督管理部门,由监督管理部门负责工程施工的质量管理工作。针对监督管理部门,施工企业应该明确其管理责任、管理义务、管理目标、管理要求等,制定详细的规章条例,保证监督管理部门按照规范要求开展管理工作。对于相应的管理人员,施工企业也可以实行个人责任制制度,所谓个人责任制,就是将管理责任落实到个人身上,这样一旦发生管理问题,能够便于在短时间内找到问题的原因,并追究个人责任,对管理人员可以起到良好的约束和控制作用。

(二)材料设备质量管理

在建筑工程施工过程中,材料与设备是尤为重要的组成部分,材料与设备的质量高低直接关系到工程施工质量的高低。因此,为了更好的保证施工质量,就必须注重对施工材料与设备的质量管理。就施工材料而言,管理部门应该加强对施工材料全过程的质量监督与控制,即从材料采购、运输、保管到材料应用全过程严格把控质量。如发现材料存在质量问题或数量不足,必须要第一时间采取措施应对,避免问题材料被应用到施工中。就施工设备而言,施工企业应该做好施工设备的管理与维护工作,比如要定期对施工设备进行全面排查与养护,保证施工设备的运行质量和效率。如设备出现故障和问题,要禁止使用,并及时进行维修和处理,在保证故障得到解决后,才能够继续应用设备。作为机械设备操作人员,在机械设备应用过程中,应该保证其操作水平,避免由于操作问题导致设备故障的发生。

(三)提高施工人员综合素质

在建筑工程施工过程中,施工人员是施工的主体,施工人员的技术水平及职业素养与施工质量有着很大的关系,因此,为了更好的保证施工质量,施工企业还需要做好施工人员的管理工作。比如在建筑工程质量管理过程中,施工企业要注重提高施工人员的综合素质,加强对管理人员、技术人员、施工人员的培训教育工作,以此来提高他们的专业知识、专业技能、个人素养等。这样一来可以使得施工人员更加努力的投入到施工工作中,进而更好的保证施工质量。另外,施工企业还需要加强对施工人员的管理、组织、协调等工作,以此来实现人力资源的优化配置及利用。

三、建筑工程项目进度控制措施

(一)制定相关工程项目目标

在建筑工程项目施工过程中,工程目标的制定尤为关键,无论是大工程还是小工程，有了工程目标，才能够有项目建设的方向，同时工程目标也是衡量工程监督的首要标准。因此，为了更好的对建筑工程进度进行控制，在工程建设前，施工企业就必须结合施工的实际情况制定相关的工程项目目标。目标的制定需要结合工程需求、工程要求、自然因素、人为因素等综合确定，保证工程目标的合理性和科学性，进而才能够根据工程目标，对施工进度进行正确的衡量。

（二）制定工程施工工序

在工程目标制定完成后，施工企业需要按照所制定的目标进一步安排施工工序，在施工工序安排过程中，施工企业需要考虑到各种影响施工进度的因素，如天气因素、人为因素、不确定因素等，在综合考虑下确定每一个施工工序的时间、部门、人员等，以此来保证每个施工工序能够在规定的时间内完成施工。通过制定工程施工工序，也能够更加有利于进度控制工作的开展，进而更好的保证施工进度在合理范围内。

（三）工程施工进度控制

在工程施工过程中，存在诸多不确定因素，这些因素都会对施工进度造成不同程度的影响。因此，为了更好的保证施工进度的科学性和合理性，就必须做好工程施工进度控制工作。比如在施工现场中，每一个施工节点都需要将实际施工监督与施工计划进行对比，如果对比之间偏差较小，那么说明进度在合理范围内，如果偏差较大，那么说明进度出现明显的拖延现象，对此，就需要根据实际施工情况，结合施工计划，对施工进度进行合理的调整，以此来保证施工进度的合理性。比如提升工程建设效率、降低返修率、避免重建现象的发生、做好施工人员的合理配置等，都是控制施工进度的有效措施。

在建筑工程项目建设工程中，质量和进度是尤为关键的两个要素，只有保证了建筑工程的施工质量，并合理控制了建筑工程的施工进度，才能够更好的保证项目整体建设水平，进而提高施工企业经济效益。因此，这就需要施工企业在建筑工程施工过程中，既要做好质量管理，又要做好进度控制工作，使得质量与进度二者之间能够协同发展，这对于保证建筑工程项目整体建设水平，以及促进施工企业良好发展都具有重要的意义。

第四节 建筑工程项目管理中施工进度的管理

进度管理在建筑工程中具有着至关重要的作用，是建筑施工企业保障施工质量、控制企业成本支出的保障。因此，在建筑施工中加强进度管理尤为重要，并且还需要结合实际，与时俱进，将先进的技术手段融入进度管理中，以此来提高管理效果，促进建筑业更好的发展。

一、进度管理在建筑工程管理中的重要性

在建筑工程管理中，进度管理发挥的重要性主要表现在以下几个方面：

（一）在建筑工程工期中进行科学编制

通常的情况之下，在启动建筑工程之前，就需要做好基础的准备工作，比如：对建筑工程的规模进行评估，在评估之后制定出合理的实施方案。与此同时，还需要签订一系列具有法律效益的建筑施工合同。这就要求施工单位必须按照合同内的规定完成所有施工项目，包括时间限制与质量标准等细节方面的要求。如若施工单位没有达到合同中的要求，就会付相应的赔偿金。由此可以看出，工期在建筑施工单位中具有着重要的作用，其更加需要进度管理进行科学有效的编排，用来监管和维护施工企业的经济利益。

（二）保障建筑工程的工程质量

质量安全问题是建筑工程中的重中之重，国家现行的有关法律法规、技术标准以及设计文件中对工程的安全、适用、经济等特性的要求，是建筑工程中的标尺。在建筑工程中合理的应用进度管理，是保障建筑工程质量得以实现的基础。同时需要对建筑的原材料、施工安全等方面进行严格要求，以此来确保建筑工程的质量。有了进度管理对建筑工程的要求，其质量目标方面的实现才能得到有效的保障。

（三）合理控制建筑工程成本

如今的建筑市场竞争环境日趋激烈，获取科学、合理的经济利益是建筑工程企业在竞争中的源源动力。只有合理的控制施工成本，才能使得企业得到科学、合理的开支。包括合理的确保人力、材料、物品方面等耗费的费用。而当前的一些施工企业只注重工程的完成速度，不计增加成本的投入，以此来确保完成工程，这样的方式也会将施工的总成本大幅度的增加。面对这种情况，进度管理在建筑工程管理中的作用就凸显出来。通过监督管理在工程成本控制上的管理，减少企业的一些不必要成本费用，以及因为一些赶工期带来的花费损失。

二、施工进度管理经常出现的问题

（一）编制施工进度计划中的问题

一个工程的建设必须制定一个科学合理的施工进度的计划，这个计划是工程能否按照合同工期正常完成的保证，也是重要的影响因素。编制一个合理科学的施工进度计划需要依据工程当地的环境特点、项目自身的特点以及合同的要求等等，同时要注意施工过程中各个施工阶段的顺序以及各个工作之间的衔接关系，资源合理科学的配置，资源的合理配置也是影响施工工期的因子。同时，不同的工程具有不同的特点，在组织建设之前需要组织人员对施工图纸和资料进行详细的审查，防止设计方案的不合理或者无法施工的现象，施工进度计划必须包含整个项目的各个环节和每一项内容，避免在工程施工过程中出现不在计划内的施工，增加额外的投入，进而打乱整个投资计划，影响施工进度。施工进度计划还应该考虑到项目所处当地的天气、地理、人文环境等因素的影响，防止自然因素对工期的影响。有一些企业在制定施工进度计划时，目标不明确，没有具体考察工程所处实际环境的影响，各个阶段时间控制不合理，不管当地的地质条件、工艺条件、项目的大小和设备的具体状况而制定了施工工期，最后造成了施工进度计划自身存在缺陷，施工过程中必然出现问题。

（二）施工进度计划与资源分配计划不协调问题

施工进度计划能够顺利实施的关键在于工程的资源是否得到合理的配置。资源配置主要包括人力资源、材料资源、机械设备资源、施工工艺、自然条件、动力资源、资金以及设备资源等等。资源的分配需依据施工进度计划来进行，根据进度的时间节点合理、科学的制定出资源分配计划，施工进度计划和资源计划是同时制定的，同时这两个计划也是相互制约相互影响的。现在许多企业还是传统的施工思路，只是合理的制定了施工进度计划，没有科学的筹划出资源配备，只是根据以往的经验来进行分配，结果可能会出现资源跟不上施工进度，结果影响了整个工期。

（三）工程进度计划施工中执行问题

现在，许多建设企业中还存在施工进度管理不善的问题，施工进度计划没有严格按照要求执行，尤其是一些企业规模不大的施工单位，实际施工过程中与施工进度计划严重不符，相互脱节，编制的施工进度计划失去了编制的意义，施工只是施工，而计划就是计划，导致施工过程中完全没有按照计划进行，施工进度计划落空，制定的施工工期目标不能正常完成，工期延长。

三、加强工程项目施工进度管理的措施

（一）单项工程进度控制

在工程开工之后，施工单位应对整个工程进行专业分析，建立工程分项的月、旬进度控制图表，以便对分项施工的月、旬进度进行监控。其图表宜采用能直观的反映工程实际进度的形式，如形象进度图等，可随时掌握各专业分项施工的实际进度与计划间的差距。

（二）采用网络计划控制工程进度

用网络法制定施工计划和控制工程进度，可以使工序安排紧凑，便于抓往关键，保证施工机械、人力、财力、时间均获得合理的分配和利用。因此施工单位在制定工程进度计划时，采用网络法确定本工程关键线路是相当重要的。采用网络计划检查工程进度的方法是在每项工程完成时，在网络图上以不同颜色数字记下实际的施工时间，以便与计划对照和检查。

（三）采用工程曲线控制工程进度

分项工程进度控制通常是在分项工程计划的条形图上画出每个工程项目的实际开工日期、施工持续时间和竣工日期，这种方法比较简单直观，但就整个工程而言，不能反映实际进度与计划进度的对比情况。采用工程曲线法进行工程进度的控制则比较全面。工程曲线是以横轴为工期（或以计划工期为100%，各阶段工期按百分率计），竖轴为完成工程量累计数（以百分率计）所绘制的曲线。把计划的工程进度曲线与实际完成的工程进度曲线绘在同一图上，并进行对比分析，如发现问题实际与计划不符时，及时作出调整，确保工程按时完成。

（四）采用进度表控制工程进度

进度表是施工单位每月实际完成的工程进度和现金流动情况的报表，这种报表应由下列两项资料组成：一是工程现金流动计划图，应附上已付款项曲线；二是工程实施计划条形图。施工单位提供上述进度表，由监理工程师进行详细审查，向业主报告。如果根据评价的结果，认为工程或其工程的任何部分进度过慢与进度计划不相符合时，应立即采取必要的措施加快进度，以确保工程按计划完成。

工程施工进度控制的目标是为了实现项目建设工期，必须通过行之有效的控制与管理，充分把握研究影响进度的各种因素，针对施工进度控制存在的问题采取相应措施，主动积极的对施工进度进行控制，通过各专业、各环节的共同努力，编制合

理的施工进度计划,建立科学的控制体系,才能确保工程进度达到合同要求,获得最佳的经济效益和社会效益。

参考文献

[1]赵志勇.浅谈建筑电气工程施工中的漏电保护技术[J].科技视界,2017(26):74-75.

[2]麻志铭.建筑电气工程施工中的漏电保护技术分析[J].工程技术研究,2016(05):39+59.

[3]范姗姗.建筑电气工程施工管理及质量控制[J].住宅与房地产,2016(15):179.

[4]王新宇.建筑电气工程施工中的漏电保护技术应用研究[J].科技风,2017(17):108.

[5]李小军.关于建筑电气工程施工中的漏电保护技术探讨[J].城市建筑,2016(14):144.

[6]李宏明.智能化技术在建筑电气工程中的应用研究[J].绿色环保建材,2017(01):132.

[7]谢国明,杨其.浅析建筑电气工程智能化技术的应用现状及优化措施[J].智能城市,2017(02):96.

[8]孙华建.论述建筑电气工程中智能化技术研究[J].建筑知识,2017,(12).

[9]王坤.建筑电气工程中智能化技术的运用研究[J].机电信息,2017,(03).

[10]沈万龙,王海成.建筑电气消防设计若干问题探讨[J].科技资讯,2006(17).

[11]林伟.建筑电气消防设计应该注意的问题探讨[J].科技信息(学术研究),2008(09).

[12]张晨光,吴春扬.建筑电气火灾原因分析及防范措施探讨[J].科技创新导报,2009(36).

[13]薛国峰.建筑中电气线路的火灾及其防范[J].中国新技术新产品,2009(24).

[14]陈永赞.浅谈商场电气防火[J].云南消防,2003(11).

[15]周韵.生产调度中心的建筑节能与智能化设计分析——以南方某通信生产

调度中心大楼为例[J].通讯世界,2019,26(8)：54-55.

[16]杨吴寒,葛运,刘楚婕,张启菊.夏热冬冷地区智能化建筑外遮阳技术探究——以南京市为例[J].绿色科技,2019,22(12)：213-215.

[17]郑玉婷.装配式建筑可持续发展评价研究[D].西安：西安建筑科技大学,2018.

[18]王存震.建筑智能化系统集成研究设计与实现[J].河南建材,2016（1）：109-110.

[19]焦树志.建筑智能化系统集成研究设计与实现[J].工业设计,2016（2）：63-64.

[20]陈明,应丹红.智能建筑系统集成的设计与实现[J].智能建筑与城市信息,2014（7）：70-72.